엄마표
아이
여행

엄마는 맘 편하고
아이는 쑥쑥 자라는
엄마의 여행법 49

엄마표
아이
여행

이동미 지음

지식너머

아이가 진짜 행복한 여행

여행이란 무엇일까요? 여행을 직업으로 하는 제게 사람들이 물어봅니다. 글쎄요? 여행이 무엇일까요? 집에서도 길을 떠나서도 여행이 궁금합니다. 결혼과 더불어 아이들과 함께하는 여행이 늘면서 더욱 그러했습니다.

둘러보면 어린 자녀와 가족여행을 다니는 사람들이 많습니다. 아이들과의 여행, 참으로 소중합니다. 다시는 돌이킬 수 없는, 처음이자 단 한 번씩만 허락된, '연습'도 '다시'도 없는 시간과 공간들이었습니다. 만약 제가 아이들과의 여행을 다시 하게 된다면 어찌할까요? 생각을 해보았습니다.

"Where와 What이 아닌 How 여행!"

기회가 된다면 제가 다시하고 싶은 여행입니다. 여행에는 시간과 돈이 따르고, 부모는 그 시간과 돈을 '투자'했으니 '결과' 내지는 '성과'를 내야 할 것 같은 마음이 은연중에 있습니다. 저도 돌아보니 아이들과 어디를 가고 무엇을 해야 할지, 어떤 내용을 알려주어야 할지에 신경을 썼습니다. 그런데 시간이 흐르고 보니 손가락 사이로 물이 빠져나가듯 '암기'된 내용은 금세 빠져나갔고,

주입된 '지식'은 잊혔으며, 안다고 자랑하던 '정보'는 새로운 정보로 덮어버렸습니다. '이해'된 내용이 조금 남았고, 손발을 이용한 '경험'과 어떠한 상황에서 얻은 '지혜'가 가슴에 조금 남았습니다.

혹, 아이의 생각과 얘기는 경청하지 않고 내 얘기와 생각만 아이의 머리에 밀어 넣으며 내 방식으로 아이가 움직이길 바라진 않았는지 돌아보게 됩니다. 아이에게 여행은 자신과 다른 상황의 사람들을 만나고 다른 생각을 접해 사고를 넓히는 일입니다. '생각하는 힘'을 기르게 하는 것이지요. 그리고 그 생각하는 힘은 편안한 마음과 즐거운 상태에서 나오는 내적인 것입니다. 외부에서 넣어주는 지식과 정보가 도움이 되기도 하지만, 가끔은 방해가 됩니다. '선입견'이라는 것이 생겨 다른 생각이 들어올 자리를 허용하지 않으니까요.

아이와의 여행에 '어디'와 '무엇'이 아니라 '어떻게' 다녀왔는지와 분위기는 어떠했는지가 매우 중요했습니다. 아이와의 대화는 어떠했으며 얼굴은 빛나고 웃음은 맑았는지를 살펴야 했습니다. 호기심에 눈이 반짝였는지, 그렇다면 그 부분을 조금 더 응원해주었는지 돌아봐야 했습니다. '바람의 계곡에서 왜 멈추질 못했는지…….' '노을이 아름다운 곳에서 해가 지기까지 왜 기다리지 못했는지…….'

안타깝지만 이제는 그때로 돌아갈 수 없고, 시행착오를 거친 생각과 경험들을 적용해볼 수 없습니다. 해서 아이들과 여행을 떠나는 분들에게 조금이나마 도움이 될까 이 책에 정리해보았습니다. 각자의 상황에 맞게 적용하시면 됩니다. 그리고 아이에게 평생 도움이 될 소중한 시간을 선물하시길 바랍니다.

손등을 간지럽히는 예천 회룡포 강가의 따뜻한 모래 알갱이가 세상의 따뜻함을 돌이켜줄 것이며, 영월 서강의 술샘 이야기에 찌푸린 얼굴이 펴질 것입니다. 수많은 감성의 자극이 몸속 곳곳에 박혀 있다가 글쟁이가 되면 글로 풀어질 것이고, 디자이너가 되면 저도 모르는 영감으로 번득일 것입니다. 무엇이 되던 가슴 깊은 곳에 자리해 있다가 지치지 않는 새로운 생각과 용기와 희망을 길어낼 것입니다.

당장 표출되지 않아도, 성적이 쑥쑥 오르지 않아도, 아이들에게 아름다운 풍경과 우리들의 생활모습과 다양한 상황을 보여주세요. 아이들의 인생이 대학에 입학하는 스무 살에 끝난다면 열심히 학원만 보내면 되겠지요. 하지만 우리 아이들 인생을 여든 살, 백 살로 본다면 학원만 기억하고 살까 두렵습니다.

봄이면 팔랑팔랑 섬진강으로 가보세요. 김용택의 시에서처럼 섬진강가에 매화꽃잎이 흩날립니다. 하얀 눈송이처럼 흐트러지는 매화꽃잎 속에서 아이와 손을 잡고 매화 향과 비릿한 섬진강 재첩 향을 가슴 깊이 들이켜보세요. 크레파스로 그림도 그려보고요. 너른 풀밭에 가게 되면 흥얼흥얼 노래를 부르다 팔베개를 하고 누워 푸른 하늘을 보세요. 아이와 장난치고 친구얘기를 나누고 엄마 아빠의 고민도 털어놓으며 보낸 시간과 공간들……. 세월이 흘러 돌이켜보면 매우 잘한 일이었음을 느끼게 될 테니까요.

이야기를 하고 보니 너무나 뻔한 이야기네요. 실은 그 뻔한 이야기들이 세상의 이치였습니다. 그 뻔한 이치를 알고만 있느냐, 직접 행하느냐가 다른 결과를 만들어내는 것이지요. 마지막으로 갈무리해 놓고 가끔씩 읽어보는 글귀를 잠시 소개할까 합니다.

> 여행이란…… 준비하는 과정의 즐거움과 시작할 때의
> 두려움과 여행 동안의 행복함 그리고 예상치 못한 고통과
> 끝낼 무렵의 아쉬움이 골고루 몸과 마음에 배어
> 중독성을 갖게 하는 묘한 일.

여행이란…… 다른 세상을 접하는 신기함과

색다른 먹을거리의 신선함과 각기 다른 사람들과의 만남이

새로운 하루하루를 만들기도 하지만,

생각과 실제가 다른 데서 오는 실망과

돌아갈까 하는 초라하고 작은 내 모습을 보게도 해주는,

그래서 훌쩍 커버린 나를 느끼며 넓은 세상을 볼 수 있고,

작은 두려움이 큰 용기로 바뀌는,

예전의 내가 아닌 진짜 나를 찾을 수 있게 해주는,

아주 아주 묘한 일. 그것은 여행이다.

가족들과 즐겁고 의미 있는 여행하시기 바랍니다.

2016년 3월 강화도 나무대문집에서

이동미

PART 2 아이와 떠나는 공부여행

PART 3

아이와 떠나는
체험여행

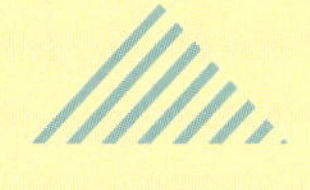

W I T H
MOM

PART 1

아이와 떠나는
여행의 기술

아이에게 여행은
왜 필요할까요?

여행의 의미

가을에서 겨울로 넘어가던 어느 날, 우리 가족은 전남 벌교로 여행을 떠났습니다. 여행의 테마는 '태백산맥 문학기행'이었습니다. 물론 우리 아이들은 소설 《태백산맥》을 알지 못합니다. 보통 문학기행이라고 하면 책을 읽은 사람들이 그 감흥을 가지고 떠나는 것이지요. 그런데 《태백산맥》은 우리 아이들이 읽기에 어렵고 이해하기 힘든 책입니다. 공산주의와 이념, 머리 아픈 사상뿐만 아니라 염상구과 하대치 등 2백 명이 넘는 등장인물과 1만5천 장이 넘는 원고 분량을 아이들이 어찌 감당하겠습니까? 그래도 가족이 함께 떠나는 여행은 나름의 의미가 있습니다.

첫째, 아이들에게도 여행이 필요합니다. 어른들이 직장일과 집안일에 지쳐 일탈을 꿈꾸듯, 아이들 또한 학교와 학원과 집을 떠나 머리를 식히고 돌아오면 더욱 힘을 내 열심히 생활할 수 있으니까요. 물론 휴게소에서 먹는 맛난 먹거리와 오가며 차창 밖으로 펼쳐지는 풍경들, 자신이 살던 고장과 다른 정취도 중요하지요.

둘째, 여행의 씨앗을 심기 위함입니다. 《태백산맥》은 제가 대학을 다닐 때 나온 책입니다. 열혈 학창시절에 그 책을 읽었으니 책 얘기를 할 때면 감회가 남다릅니다. 벌교로 향하며 운전하는 남편과 책 이야기를 나누었어요. 소설 속 현실인지 현실 속 소설인지 분간되지 않을 정도로 소설 세트장 같은 벌교를 둘러보는 저와 남편의 얼굴은 복사 빛으로 물들었고, 기억을 되뇔 때면 두 눈이 샛별처럼 반짝였습니다. 곁에서 지켜보는 아이들은 '문학기행이란 것이 저런

느낌이구나.' 하고 생각할 겁니다. 이런 상황이 반복되면 아이들도 익숙해지고 자연스러워집니다. 그리고 그 아이들이 자라서 자신도 모르게 그리 여행을 하고 있겠지요.

시간이 흘러 딸이 자라서 결혼을 했다고 가정해보겠습니다. 사위는 성실하게 직장에 다니고 아내인 딸에게도 잘합니다. 옆집 사위 또한 성실하고 자신의 가족을 아낍니다. 그런데 옆집 사위는 주말이면 아내와 아이들을 데리고 영화나 CF 속 장소를 찾아다니거나, 아이들이 읽은 동화와 관련된 장소를 가고, 뮤지컬 관람과 문학기행도 갑니다. 그것도 매우 즐겁게요.

어느 집이 더 정서적으로 안정되고 풍요로울까요? 어느 사위가 멋질까요? 글쎄요. 멋지다는 표현이 맞을지 모르지만 대부분의 장모라면 옆집 사위가 부럽겠지요. 게다가 옆집 사위는 장모님도 가끔씩 모시고 간다고 합니다.

옆집 사위는 단지 아내와 자식과 장모에게 잘 보이려고 피곤함을 무릅쓰고 그리하는 걸까요? 이는 몸에 배지 않으면 하기 어려운 일입니다. 한두 번 하면 지치고 말겠지요. 비슷비슷한 월급과 아이들과 가정사……, 다람쥐 쳇바퀴 돌듯 지내는 생활에서 여행은 비타민과 같습니다. 생활을 좀 더 풍요롭고 활기차게 만들지요. 그것이 행복이 될 수 있고요. 행복도 학습과 노력이 동반되어야 찾아옵니다. 이렇게 벌교로의 문학기행은 우리 아이들이 좀 더 풍요롭고 다채로운 삶을 살 수 있도록 마음에 '씨앗'을 심는 여행이 될 것입니다.

"천 마일의 여행도 한 걸음으로 시작한다."
- 노자 -

"A Journey of
a Thousand Miles Begins
with a Single Step."

유년기 여행이
왜 중요한가요?

유년기 여행

전남 벌교는 소설《태백산맥》의 배경이 되는 곳이며, 작가인 조정래 씨가 초등학교 4학년 때부터 6학년 때까지 어린 시절을 보낸 곳이기도 합니다. 작가는 벌교 골목을 쏘다녔을 것이고, 자전거를 타고 죽방을 건너거나, 한없이 걸었을 수도 있겠네요. 동네 할머니들의 이야기를 귀동냥해 들었을 터이고요. 또한 아버지가 쓰던 종이를 묶어주면 그곳에 시나 글을 끄적였다고 합니다.

그로부터 30년이 지난 후 세상은 그 벌교 골목에서 흙장난을 하던 한 소년에게 깜짝 놀라게 됩니다. 유년시절의 기억과 추억에 나름의 공부와 분석이 더해져《태백산맥》이라는 글이 풀리기 시작했기 때문입니다. 열 권의 대하소설로 묶여졌고 200쇄를 넘으며 다양한 언어로 번역돼 전 세계에 뿌려졌습니다. 실로 위대한 일이 아닐 수 없지요. 이에 가장 놀란 사람은 바로 조정래 작가의 할머니! 그 쪼그만 꼬맹이가 몇 년 살지 않은 벌교를 어찌 그리 잘 기억하며, 또 벌교 사투리를 어찌나 정확하고 다양하게 구사하는지 놀라 자빠질 지경이었다고 하지요.

유년기에 아이들은 새로운 것을 하나 접하면 스펀지가 물을 빨아들이듯 쫙 흡수한다고 합니다. 그때의 느낌과 기억은 평생을 가져갈 감성창고가 되지요. 돌이켜보니 저도 그랬던 것 같습니다. 초등학교에 다닐 때 동화책《엄마 찾아 삼만 리》를 읽으며 얼마나 울었는지 모릅니다. 주인공 소년이 엄마가 있는 마을 옆에 도착해 고갯마루에서 잠이 들었을 때 조금만 더 가면, 다음날이면 엄마가 있는 곳에 도착하는 것을 나는 아는데, 소년은 아픈 몸을 이끌고 근처 마

유년시절의 기억은 아이에게 중요한 감성창고가 되니,

아이가 자라 어른이 되었을 때 빛나는 영감이 되어 아이를 빛낼 것입니다.

을에 있는 엄마의 존재를 알지 못한 채, 그렇게 아픈 잠을 자는 것이 너무나 슬프고 가여웠습니다. 급기야 제가 그 소년이 되었는지 잠을 자면서 엉엉 울었나 봅니다. 부모님은 잠자면서 엉엉 우는 제 소리를 듣고 깜짝 놀라 깨우셨지요. 하지만 이제는 어떤 책을 읽어도 그때처럼 재미있지도 감동적이지도 않습니다. 아니, 기억도 제대로 나지 않습니다.

그러니 어린 시절의 기억과 추억이 얼마나 중요한지요. 가끔씩 글을 써야 하는데 연결고리가 없어 어디에서부터 시작해야 할지 난감할 때가 있습니다. 그럴 때 구세주와 같은 것이 바로 어린 시절의 기억입니다. 그런 기억이 있었는지조차 까마득한데 어떤 단어나 단초가 주어지면, 머릿속 어느 구석에 갈무리해 두었던 압축파일이 풀리듯, 관련 기억이 쫘악 풀리며 파노라마처럼 눈앞에 펼쳐져 순식간에 기억이 납니다. 비단 저만 그런 것이 아닐 겁니다. 그렇게 아이들의 자극과 기억은 인생에 많은 영향을 미칩니다.

《태백산맥》을 보면 꼬막 이야기가 나옵니다. '석 달 감기에 입맛이 소태 같아도 꼬막 맛은 여전하다'는 구절입니다. 작가가 할머니들 이야기를 어깨너머로 귀동냥해 쓴 것일 겁니다. 이렇게 유년시절의 기억은 아이에게 중요한 감성창고가 되니, 아이가 자라 어른이 되었을 때 조정래 선생처럼 글 쓰는 사람이 된다면 글로 술술 풀어질 것이고, 그림을 그린다면 그 그림 속에, 디자이너가 된다면 빛나는 영감이 되어 아이를 빛낼 것입니다.

유년기 여행으로 가기 좋은 여행지

하나. 세계자동차제주박물관 `추천 5~8세`

아이들이 좋아하는 자동차가 잔뜩 모여 있어 자동차를 실컷 볼 수 있고 재미있는 이야기도 들을 수 있다. 뒤뜰에서 미니 자동차를 타고 세계여행을 하고 나면 어린이 자동차면허증을 발급받을 수 있다. www.koreaautomuseum.com

둘. 대관령 양떼목장 `추천 4~6세`

광활한 초원이 펼쳐지고 양들이 떼 지어 다니는 그림 같은 곳. 천천히 걸으며 풍력발전소를 감상하기도 좋은 곳이다. www.yangtte.co.kr

셋. 영월 별마로 천문대 `추천 8~10세`

까만 밤에 빛나는 별들을 보며 영롱한 추억을 만들고 꿈을 키우기 좋다. 아이들과 각자 자신의 별자리를 살피고 별자리에 얽힌 이야기를 나누어보자. www.yao.or.kr

3
TRAVEL

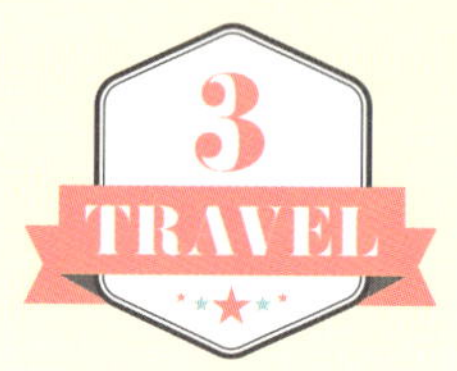

아이와의 여행,
얼마나 공부하고 가야 할까요?

여행준비

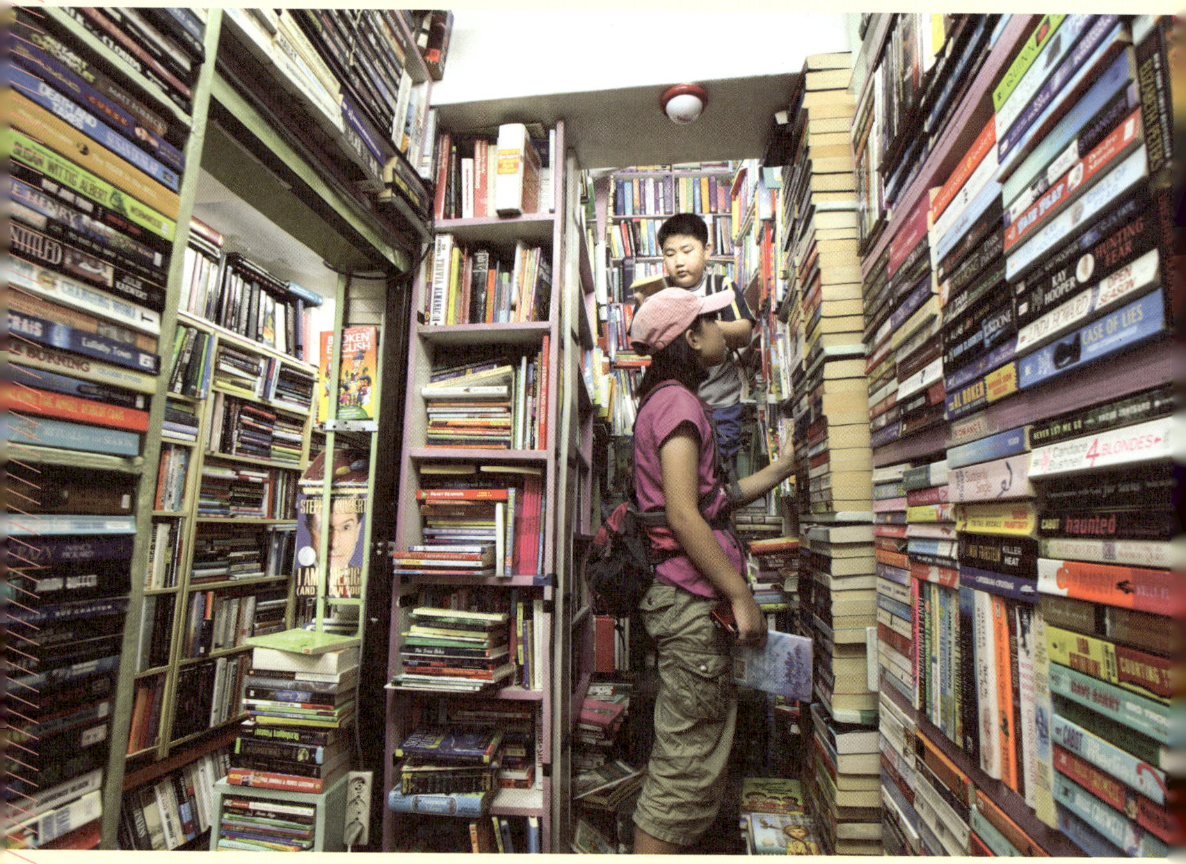

가족여행, 특히 아이들과 함께 떠나는 여행은 언제라도 즐겁습니다. 그런데 그만큼 부담스럽고 걱정되는 여행인 것도 사실입니다. 부모님들이 아이와 여행할 때 가장 두려워하는 것은 무엇일까요? 돈? 시간? 물론 이 모든 것이 중요하지만, 아이에게 '설명'을 해줘야 한다는 것에 대한 두려움이 한몫합니다.

어떤 부모님들은 여행할 때 아이들에게 설명을 해주기 위해 미리 공부(?)를 많이 하기도 합니다. '기왕 가는 여행인데 아이들에게 여행지에 대한 내용 정도는 전달해줘야 하지 않느냐' 하면서요. 설명은 해줘야겠는데 자신이 없으니 여행사의 상품을 선택하기도 합니다. 동선과 비용 면에서도 매력적이지만 설명해주는 사람이 전 일정을 함께 한다는 것은 참으로 고마운 일이지요.

특히 우리나라 부모님들이 아이와 여행을 떠날 때 '부모는 아이에게 많은 설명을 해줘야 하고, 그 장소에 대해 많이 알고 있어야 한다'는 강박관념이 심한 것 같습니다. 그럼 어찌해야 할까요? 여행사를 통해 가야만 좋은 여행을 갈 수 있는 걸까요? 당연히 그렇지 않습니다. 누구나, 얼마든지, 즐겁게 여행할 수 있습니다.

먼저 엄마 아빠 모두 많이 알아야 한다는 고정관념을 내려놓으세요. 어른도 모르는 것이 있습니다. 아니, 많습니다. 세상에 내로라하는 박사도 잘 모를 수 있습니다. 당연합니다. 그러니 꼭 알아야 한다고 생각하지 마세요.

모르면서 아는 척하는 일은 더더욱 하지 않았으면 좋겠습니다. 어른들이 아는 척하면, 아이들도 그것이 '척'이라는 것을 다 압니다. 그러니 모를 때는 그저 모른다고 당당히 말하고 "우리 같이 찾아볼까" 하며 여행지에 대해 아이와 같이 조사해보세요.

여행하려는 지역 지자체의 홈페이지에 들어가면 장소와 먹거리에 대한 정보가 잔뜩 들어 있습니다. 인터넷 검색창에 원하는 장소 혹은 여행을 치면 관련 뉴스와 블로그, 사진 이미지와 동영상 등을 많이 찾을 수 있습니다. 아이와 함께 하나씩 찾아보는 것, 그 자체가 참으로 즐거운 여행입니다.

게다가 요즘 지자체는 아이들을 위한 문화관광 홈페이지를 따로 만들어놓는 것은 물론, 짧은 이야기 동영상과 플래시를 올려놓아 어른뿐 아니라 아이들의 사전공부에도 많은 도움이 됩니다. 함께 찾아보다가 "아하~" 하며 눈길이 마주치는 순간, 알게 되었다는 기쁨을 아이와 함께 나눠보세요. 부모님과 아이 모두에게 좋은 선물이 될 것입니다.

여행을 떠나서도 마찬가지지요. 여행지에서 모르는 단어나 어려운 내용을 발견했다면 아이와 함께 스마트폰을 이용해 직접 검색을 해보세요. 아이들에게 핸드폰은 차 안에서 하는 게임용이 아니라, 여행정보를 검색하고 사전조사하는 데 아주 유용한 물건이라는 느낌을 갖게 해줄 수 있습니다.

아이의 머릿속에 일방적으로 지식을 많이 넣는 것이 중요한 것이 아닙니다. 새로 만난 아름다운 자연과 환경 속에서 가족이 같은 것을 보고, 같은 것을 먹고, 같은 것을 찾아보며, 같은 기쁨을 느끼는 공감대가 형성되는 것, 그것이 아이들과 함께 하는 가족여행의 포인트입니다.

공부를 많이 하고 가야 한다는 인상을 주는 것 또한 좋지 않습니다. 엄마가 미리 공부하느라 스트레스 받는 걸 눈치 채면, 여행은 그 순간부터 부담이 됩니다. 여행 자체에 대한 흥미 역시 떨어지고요. 여행은 다른 세상과 다른 사람들을 만나며 세상에 나아갈 호기심과 자신감, 도전정신을 갖게 하기 위해 떠나

하늘마루

는 것입니다.

물론 공부를 하고 여행을 떠나면 좋습니다. 그러나 자칫 아이가 '여행을 갈 때는 이만큼 공부를 해야 하는구나', '이 정도로 준비하지 않으면 여행을 갈 수 없구나' 하는 부담을 갖게 될 수 있습니다. 더 나아가 아이가 이다음에 커서 새로운 세상에 나아가야 하고 무언가를 해야 할 때 '나는 준비가 되지 않아 세상에 나아갈 수가 없어' 하는 자괴감에 빠질 수도 있습니다.

너무 완벽한 여행은 재미가 없습니다. 여행은 예상치 않은 장소에서 예상치 못한 사람과 만나고 예기치 못한 상황에 부딪쳐야 재미있습니다. 새로운 것과 맞닥뜨리는 시간이 아이들에게도 필요합니다. 우리 인생에 생각지 않은 변수가 갑자기 다가오듯이 말입니다.

여행 자체도 중요하지만 그때그때 대처해나가고 모르는 것이 있으면 풀어나가는 모습을 보여주면서 이를 같이 하는 것이 아이에게 줄 수 있는 가장 큰 여행선물입니다. 그 아이가 자라 비슷한 상황에 놓였을 때 엄마 아빠가 하던 모습을 기억해내고, 또 그리 할 테니까요. 그저 아이들과 함께 한 공간에서 즐거움만 많이 만들 수 있으면 좋겠습니다.

MOM's Travel Tip

여행 시 아이와 함께 찾아보면 좋은 사이트

여행 전에 가려고 하는 해당 여행지의 지자체 홈페이지를 방문해보자. 대부분의 지자체가 문화관광 페이지를 준비해 다양한 여행정보를 제공하며, 어린이 관광 홈페이지를 따로 준비해 연동시켜 놓기도 한다.

아이와 함께 찾아보면 좋은 여행 어플리케이션

하나. 대한민국 구석구석

한국관광공사에서 제공하는 여행정보 어플로 여행지와 숙박, 음식정보가 수시로 업데이트 된다.

둘. 녹색여행 두발로

두발로는 도보여행을 계획하는 사람들에게 안성맞춤인 어플. 도보여행 할만한 곳을 지역별, 테마별로 나누어 정보를 제공하고 원하는 도보여행 코스를 누르면 거리와 시간, 지도까지 확인할 수 있다.

셋. 국민 맛집 식신

추천과 리뷰 중심으로 평가된 맛집 정보 서비스.

넷. 캠프링크

전국의 캠핑장 정보안내 및 캠핑장 예약, 할인정보 등을 제공한다.

다섯. 야놀자

전국 숙박안내 및 예약 어플로 객실의 사진을 모두 확인할 수 있다. 야놀자 게스트하우스, 야놀자 호텔비교 등의 시리즈가 있다.

아이의 여행은
뭐가 다른가요?

\# 아이의 여행법

어느 날 아침이었습니다. TV 프로그램에 천재소년이자 신동이라는 아이가 부모님과 함께 출연했습니다. 아이큐가 141이 넘는다는 아이는 미분 적분을 비롯해 어려운 수학문제를 척척 풀더군요. 그 모습이 참으로 신기했습니다. 소파 한쪽에 앉아 TV 모니터에 나오는 자신의 모습을 물끄러미 보기도 하고, 사회자와 부모님이 이야기 나누는 모습을 얌전히 지켜보기도 했습니다. 또래답지 않게 듬직하다는 생각이 들었죠.

사회자는 아이의 부모님께 이런저런 질문을 하였습니다.

"아이가 언제부터 똑똑했나요?"

"아이가 집에서 주로 무엇을 하면서 시간을 보내나요?"

"부모님이 생각하시기에 다른 아이들과 다른 점은 무엇인가요?"

"부모님도 학창시절에 공부를 잘하셨나요?"

질문이 이어졌고 그에 대한 답이 오갔지만 특이한 부분이나 딱히 마음에 닿는 이야기는 없었습니다. 채널을 돌리려는 순간, 아이가 할머니와 동물원 구경을 간 이야기가 나왔습니다. 여행과 관련된 이야기라 다시 TV에 눈을 돌렸지요.

친할아버지, 친할머니, 외할머니와 아이는 한집에서 살았습니다. 바쁜 부모님보다 할머니 할아버지와 함께 한 시간이 또래 아이들보다 많았지요. 한 번은 할머니와 동물원에 다녀왔는데, 궁금한 부모님이 아이에게 물었습니다.

"오늘 어디 갔다 왔어?"

"동물원이요."

"그래? 재미있었어?"

"예. 재미있었어요."

"그래? 우리 아들 오늘 무슨 동물 봤어?"

"원숭이요."

"그리고? 또?"

"원숭이 봤는데요!"

"원숭이만 봤어? 다른 건 안 봤어?"

"네. 원숭이만 봤어요."

"사자랑 코끼리랑은 안 봤어?"

"네."

많은 가족들이 아이들과 동물원을 찾습니다. 어떤 부모님은 홈페이지에 들어가 동물원의 구조와 어디에 무슨 동물이 있는지를 미리 파악합니다. 입구에서 나누어주는 팸플릿이나 안내지도를 보며 동선을 짜기도 합니다. 정해진 시간 안에 가능한 많은 곳을 보고, 또 보여주고 싶으니까요. 어떻게 돌아야 효율적이고 경제적으로 볼 수 있는지를 파악하지요. 여기에서 '효율적'이란 동물원에 있는 동물들을 가능한 한 많이 보고, 무료 공연을 놓치지 않는, 그러니까 이미 지불한 금액에 준하는, 또는 그 이상의 효과를 얻는 것이지요.

그럼 이제 아이의 동물원 구경을 살펴보겠습니다. 대여섯 살인 아이는 할머니와 함께 동물원 나들이를 떠났습니다. 할머니는 걸음이 느립니다. 아이도 걸음이 느립니다. 아마도 할머니와 아이는 손을 잡고 대중교통을 이용해 동물원에 갔을 겁니다. 동물원까지는 한참 걸렸고, 그렇게 두 사람은 동물원에 도착했습니다.

여행을 할 때 아이가 스스로 눈길을 거둘 때까지
지켜봐주고 기다려주는 인내심을 발휘해보세요.

이제 원숭이를 보러 갑니다. 왜 원숭이인지는 모르겠지만 아마도 아이가 원숭이를 보고 싶다 했을 겁니다. 그래서 원숭이를 찾아갑니다. 물어물어 원숭이 우리 앞에 도착하니 할머니는 숨이 찹니다. 할머니는 벤치에 앉아 숨을 돌리고 아이는 원숭이 우리 앞으로 다가갑니다. 그리고 아이는 원숭이를 봅니다. 원숭이가 다가왔다 돌아가고, 몰려다니고, 서로 싸우다가 먹이를 먹고, 한쪽에서는 자고, 또 한쪽에서는 장난치는 모습을 봅니다. 그런 아이를 할머니는 먼발치에서 지켜봅니다.

그 사이 또래 친구들은 부모님 손을 잡고 원숭이 우리 앞으로 와서 원숭이를 부르고, 먹이를 던져주고, 다시 부모님 손을 잡고 다른 동물을 보러갑니다. 그렇게 또래 친구들이 밀려왔다 밀려가는 동안에도 아이는 원숭이를 봅니다. 한 시간, 두 시간, 세 시간, 네 시간……, 네 시간 반이 지나서야 아이는 눈길을 거둡니다. 이제 돌아갈 시간이 되었습니다. 할머니 손을 잡고 아이는 집으로 향합니다.

여기서 문득 궁금해졌습니다. 이 아이도 다른 아이들도 원숭이를 보았습니다. 무엇이 달랐을까요? 억지스러울 수도 있겠지만 조금은 극단적인 비교를 해보겠습니다. 이 아이의 원숭이 보기가 '자발적'이었다면 다른 아이들의 원숭이 보기는 '타의적'인 부분이 있습니다. 물론 자신의 의도가 반영되어 원숭이를 본 친구들도 있겠지만, 대부분은 부모님의 손에 이끌려 원숭이 우리 앞에 도착했을 것이고, 원숭이를 보았다고 판단되면 다른 장소로 이동합니다.

반면에 이 아이는 자신이 원하는 만큼 '실컷' 원숭이를 보았습니다. 보고 싶은 만큼 보고 떠나는 친구들도 분명 있었지만 이 아이만큼 자유롭게, 원하는 만큼, 즉 네 시간 반이나 원숭이에게 시간을 할애한 경우는 거의 없을 듯합니다. 친구들이 10분쯤 보고 떠난 원숭이를 아이는 무려 270분이나 봤습니다. 10

분간 원숭이를 본 친구들보다 27배나 더 자세히 '관찰'했습니다. 그것도 자의적으로요.

아이는 그 시간 원숭이가 동료들과 무리를 지어 다니고, 먹이를 나누거나 빼앗아 먹고, 소리 지르고, 나무 사이를 이동하고, 꼬리를 이리저리 움직이는 것을 보았습니다. 몸의 중심을 잡는 데 꼬리를 어떻게 사용하는지, 그리고 어미가 새끼의 이를 잡아주고 품에 앉고 다니는 모습들을 아무런 편견 없이 봤을 겁니다.

이 아이에게 '조기교육'이란 없었다고 합니다. 부모님이 바빠 할머니 할아버지와 지냈는데, 개미가 굴을 파는 것을 한 시간 반씩 지켜볼 동안 할머니는 아이를 지켜볼 뿐이었습니다. 아이가 '산이 뭐냐'고 물으면 설명 대신에 산에 데리고 갔다 합니다. 질문을 하면 '모른다'는 대답을 더 많이 했다 합니다. 어른들이 만들어놓은 체계나 선입견, 사전지식을 알려주지 않았기에 아이는 스스로 생각해야 했습니다. 그 사이 아이는 외워서 얻는 지식이나 누가 알려주는 판단력이 아니라 스스로 '생각하는 힘'을 키웠습니다. 그렇게 자라난 아이는 연산을 익히고 나니 미분 적분이 저절로 되었다고 하네요.

여행길에서 많은 가족을 만납니다. 그런데 대부분 시간을 내서 여기까지 왔으니 기왕이면 한 곳이라도 더 보고 가야 한다는 양적 논리와 본전 심리, 그리고 '교육'을 표방하며 어른들의 방식으로 여행을 하고 있습니다. 어른들은 30~40년 동안 알게 모르게 학습되어온 탓에 원숭이에 관한 데이터가 머릿속에 내장되어 있습니다. 그래서 원숭이를 슬쩍 보기만 해도 그 데이터가 떠오르고 확인되지만, 아이는 잠깐 보는 것으로 그것이 원숭이인지 무언지를 알지 못합니다. 하루 종일 그렇게 여러 동물을 보고 나서 집으로 돌아가면 무엇을 봤는지도 잘 모릅니다.

아이가 스스로 생각하는 것을 기다리지 못할 정도로 우리 부모들은 조급합니다. 옆에서 끊임없이 설명하고, 세상의 지식과 규정을 전해주고, 이래야 한다는 틀을 제시하고, 생각을 가두고, 어떠한 지식과 내용을 머릿속에 넣었는지 확인하고 싶어 합니다.

이 아이는 초등학교를 3개월쯤 다니고 독학으로 중고교과정을 마친 뒤 대학에 입학했습니다. 사람들은 이 아이를 천재라고 합니다. 그러나 어쩌면 원래 천재가 아니었는지도 모릅니다. 모든 아이들이 그렇게 커갈 수 있는데 선입견과 규칙과 지식의 주입으로 그 길을 막고 있는 게 아닐까요? 아이들이 스스로 커 나갈 수 있는데 어른들이 방해하고 있는지도 모르겠습니다. 이번에 아이와 함께할 동물원 나들이에서는 아이가 스스로 눈길을 거둘 때까지 원숭이 우리 앞에서 지켜봐주고 기다려주는 인내심을 발휘해보세요.

5
TRAVEL

아이와 어른의 행복은 어떻게 다른가요?

아이가 행복한 여행

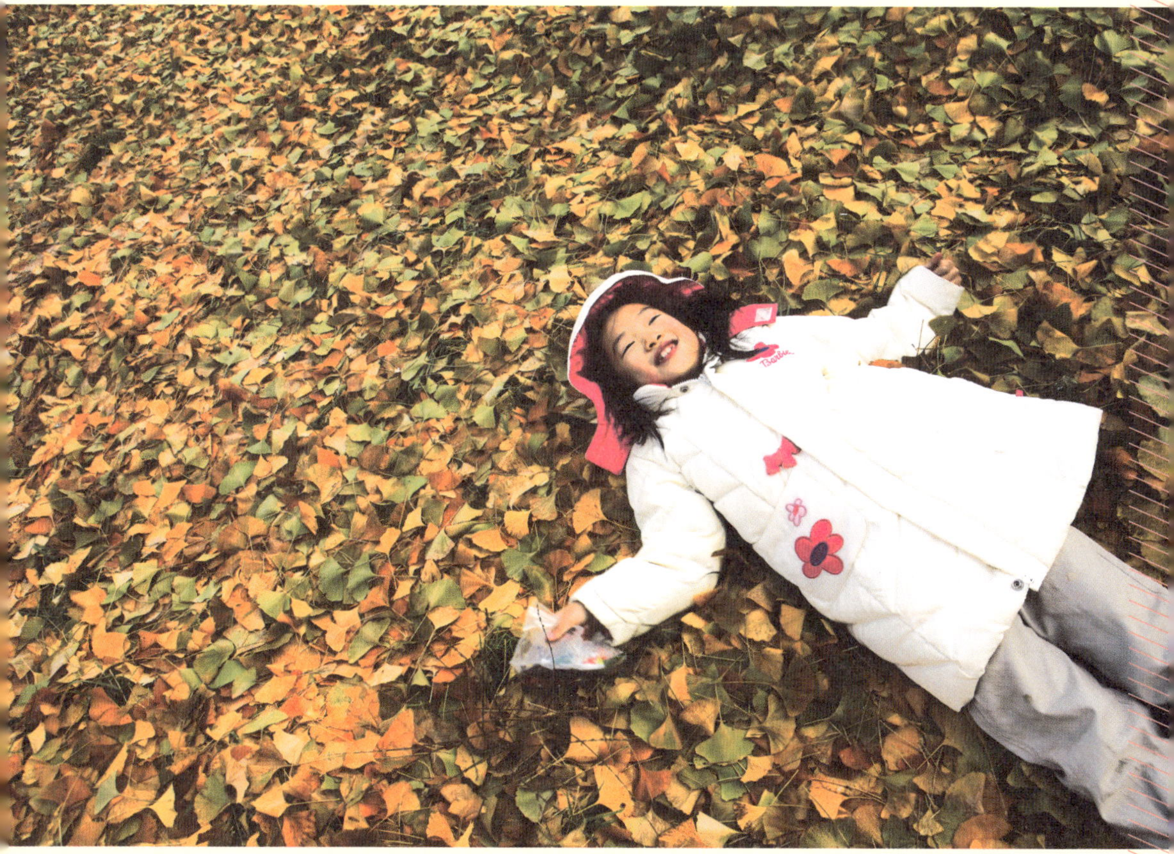

아이들과 영덕 강구항에 갔습니다. 포구 스케치를 하고 있노라니 아이들과 남편은 항구 이곳저곳을 기웃거렸습니다. 빨간 고무함지가 방파제 근처에 놓여 있고 머리 희끗희끗한 할머니와 검게 그을린 얼굴의 아낙들이 머릿수건을 쓰고 앉아 있었습니다. 물고기는 고무함지 밖으로 나오려고 물탕을 튀기고, 아이들은 그걸 구경하면서 신이 났습니다. 무엇이 저리 좋을까요? 섬에 사는 아이들이라 포구를 처음 본 것도 아닌데 까르르 숨이 넘어갑니다.

잠시 다른 것을 하는 사이, 딸아이가 아빠에게 귓속말을 합니다. 아빠가 두 눈을 끔뻑이며 알았다는 시늉을 합니다. 잠시 후 남편은 검은 비닐 봉지 두 개를 양손에 하나씩 들고 왔습니다. 무엇이냐 묻자 회를 좀 떴다고 했습니다. 앉아 먹을 곳이 없어 일단 항구를 빠져나와 나무 그늘 아래에 차를 세웠습니다. 앞뒤 문을 활짝 열어젖히고 비닐 봉지를 열어 보았지요. 어느 할머니에게 샀는지 그 흔한 플라스틱 용기 하나 없이, 그저 검은 비닐 봉지에 회를 듬성듬성 썰어 넣고, 또 다른 검정 비닐 봉지엔 초장을 쭉 짜서 넣어 주었습니다.

아빠와 아이들이 뒷자리에 모여 검정 비닐 봉지 두 개를 들고 이런저런 고민을 하더니, 회가 든 봉투에 그냥 초장을 쭉 짜더군요. 그리고는 돌아가면서 흔들었습니다. 비닐 봉지 흔드는 것이 뭐 그리 재미있는 일이라고 누구 하나가 한 번 더 흔들까 봐 세어가면서 말이죠. 그러고는 손으로 초장이 묻은 회를 꺼내 먹었습니다. 손가락을 쪽쪽 빨면서요. 비닐 봉지에 들락거리던 손은 초장 범벅이 되었고, 그 손으로 회를 먹으니 얼굴도 초장 범벅! 서로를 보고 낄낄댑니다. 마치 자장면을 먹으며 서로를 보고 웃듯이 말입니다.

함박웃음을 지으며 딸아이가 말하더군요.

"엄마, 너무 행복해!"

당황스러웠습니다. 아이라서 그런 걸까요? 행복하다는 말이 어찌 그리 자연스럽게 나올 수 있을까요? 그 이후로 딸아이의 말이 가슴 깊은 곳에 남아 가끔씩 되새김질을 하곤 합니다. 예쁘고 깨끗하고 비싼 것을 주면 아이가 행복해질 거라는 착각을 하고 있는 것이 아닌지 말입니다. 언젠가부터 공주풍 캐노피가 처진 이국적인 침대의 펜션과 큰맘 먹어야 하는 비싼 음식…… 그런 것들이 아이를 기쁘고 행복하게 하는 거라고 생각하고 있었는지도 모릅니다. 그런데 아이들은 그렇지 않았던가 봅니다.

움직이기 불편하고 놀기에 힘든 옷보다 편하고 활동적인 옷, 비싼 외국음식보다 맛난 제철음식에 아이들은 더 즐거워합니다. 지출하는 돈의 액수가 크면 잘 해주는 것이고 적으면 미안한 마음이 드시나요? 그 이유가 무엇일까요?

어느 날 TV 프로그램에서 아동교육 전문가의 강연을 들었습니다. 아이들을 학원에 보낼 때 기준이 무엇이고, 어떻게 결정해야 하는지에 대해 말하더군요. 부모들은 수강료가 비싸고 유명한 강사가 있는 곳을 선호합니다. 영어학원이면 내국인보다는 외국인을, 수학과목이면 서울 유명대학 출신을요. 그렇게 치면 초등학생이라도 대학교수에게 배우는 것이 더 좋지 않을까요?

비용 또한 부모가 힘들어도 조금 더 비싼 곳을 보내고 싶어 합니다. 먹고 싶은 것 조금 참고, 입고 싶은 옷, 사고 싶은 화장품 줄이며 자식에게 좋은 것을 주고 비싼 과외를 시킵니다. 그런데 이를 심리학적으로 보면 일종의 '자기만족이자 책임회피'라 하더군요. '나를 희생하면서까지 좋은 데(학원) 보냈으니 내 할 일은 다 한 거야.' 하고 의무이행을 다한 것에 자기만족과 자기 안심을 하는

아이들과의 여행, 꼭 돈이 많이 있어야 하는 건 아닙니다.

그저 엄마 아빠와 즐거운 시간을 함께 하는 여행,

그것이 아이에게는 최고의 여행입니다.

것이라고요. ‘혹 점수가 나오지 않아도 내 책임이 아니야.’ 하는 책임회피의 심리가 밑바탕에 깔려 있다는 겁니다.

또한 부모들이 “너희만 잘 살면 되는 거지. 그 외엔 아무것도 바라지 않아.” 하고 자주 말합니다. 그러나 그 이면엔 ‘본전심리’라는 것이 있다고 합니다. 내가 나를 희생하면서 뒷바라지 했으니 자신도 그렇게 받고 싶은 마음이 깔리게 된다는 것이지요. 물론 밖으로는 내색하지 않습니다. 자신은 그런 사람이 아니라고 스스로 최면을 걸고 있으니까요.

아이에게는 아이의 능력을 가장 잘 발현시켜줄 상황과 그 수준의 선생님이 있고, 여행 또한 마음 편하게 보고 느끼면서 자신의 꿈을 키울 수 있는 장소와 상황이 있습니다. 아이들과의 여행, 꼭 돈이 많이 있어야 하는 건 아닙니다. 그저 엄마 아빠와 즐거운 시간을 함께 하는 여행, 그것이 아이에게는 최고의 여행입니다. 주변의 상황과 보이지 않는 부담감은 아이를 더욱 더 작게 만들 뿐입니다.

여행은 언제 어떻게 떠나야 할까요?

여행의 자세

지인들과 저녁모임을 했습니다. 이런저런 이야기를 나누다가 '여행'으로 화두가 넘어갔지요. 여행이 너무 힘들다는 사람, 요즘 여행에 푹 빠져 산다는 사람, 돈이 없어서 엄두가 안 난다는 사람까지 다양한 이야기가 오갔습니다. 그중 한 사람이 아내와 두 딸을 모시고(?) 여행을 떠나는 것이 너무 힘들다고 하더군요. 자료조사를 하고, 프린트한 것을 가득 갈무리하고, 이것저것 알아보고, 예약하고……. 이건 희생이고 자신은 노예라는 얘기를 하며 고생담을 털어놓았습니다.

그런데 정석 씨가 한마디 합니다.

"나도 예전에는 아이들과 떠나는 여행이 무척 피곤했는데, 요즘은 안 그래. 너무 즐겁고 새로운 세상이 궁금해서 들뜨고, 또 가고 싶고. 아내도 아이도 자꾸 가자고 졸라. 너무 좋은걸! 행복해!"

그 말에 모두들 두 눈이 동그래졌습니다.

"아니, 어떻게 그럴 수가 있어?"

정석 씨는 이모님 댁이랑 여행을 다녀온 후 마법에 걸린 듯 여행에 대한 생각이 싹 바뀌었다고 합니다. 모두들 궁금해하는 그 이야기를 한 번 들어보았습니다. 피곤하고 괴롭기만 했던 여행이 설렘으로 변한 이유가 무엇일까요?

어느 날 오후였습니다. 이모부님이 전화를 하셨죠.

"정석아, 저녁에 약속 있니?"

"없는데요."

"그래? 그럼 건너와라. 저녁이나 먹자."

정석 씨는 추리닝 바람에 젖먹이 아이를 안고 아내와 이모님 댁으로 갔습니다. 그런데 주방에서 분주히 오가야 할 이모님이 저녁준비는 안 하시고 그저 소파에 앉아 계셨습니다. 맛난 음식냄새와 함께 자신들을 맞을 이모님 모습을 기대했는데 말입니다.

정석 씨는 의아했습니다. 이모부도 "어서 와." 한 마디 하시고는 소파에 앉으셨습니다. 그러곤 안부와 근황을 나누다가 뜬금없이 한 마디를 툭 던졌습니다.

"뭐 먹을까? 뭐 먹고 싶은 거 없어?"

그때까지만 해도 정석 씨는 음식을 배달해 먹거나 근처에 가서 외식을 하시려나 보다 생각했습니다. 그런데 이모부가 또 한 마디를 건넵니다.

"정석이, 너 내일 별일 없지? 우리 동해나 갈까?"

"에~~? 이모부 우리 아무런 준비도 없이 왔는데요. 동해요?"

"준비? 무슨 준비가 필요해?"

"아이 기저귀도 없고……."

"기저귀? 동해에는 기저귀 없대? 거기도 다 사람 사는 데니까 있을 것 다 있어. 걱정하지 마. 그리고 차 두 대로 가면 재미없으니 우리 차로 가지 뭐. 대신 운전은 네가 해라."

이렇게 정석 씨의 추리닝 바람 동해여행이 시작되었습니다.

운전대를 잡은 정석 씨는 기왕 이렇게 되었으니 빨리 도착할 생각에 부지런히 차를 몰았습니다. 드디어 동해에 도착했습니다. 그런데 이모부가 한 마디 합니다.

"아이고 피곤해!"

'엉? 운전은 내가 긴장해서 했구면, 왜 이모부가 피곤하시지?'

“정석아~ 시속 몇 킬로미터로 달렸니?”

“120~130킬로미터요.”

“왜 그렇게 빨리 달렸어?”

“동해가 목적지잖아요. 얼른 와야죠.”

“빨리 달리니까 긴장됐지? 네가 그렇게 운전하니 너뿐만 아니라 뒤에 탄 사람도 똑같이 긴장돼. 걱정도 되고. 또 네 마음이 그대로 전달되어 조바심도 나고. 그러니 운전해서 피곤한 사람만큼이나 뒷좌석 사람들도 피곤하고 긴장하는 거야. 이건 여행이야. 시합이 아니라고. 동해에 빨리 오면 누가 상이라도 준대? 천천히 쉬엄쉬엄 움직이다가 좋은 거 있으면 보고, 먹고 싶은 거 있으면 먹고, 쉬고 싶으면 쉬고. 그렇게 다녀야지. 해치워야 하는 일처럼 다니면 스트레스가 더 쌓이지 않겠니? 릴렉스~~ 릴렉스~~”

정석 씨는 뒤통수를 한 대 얻어맞은 것 같았습니다. 그리고 그 충격과 놀라움은 1박 2일간 이어졌습니다.

“정석아. 절대 시속 80킬로미터 이상 밟지 말고, 응? 내가 하자는 대로 한 번만 해봐.”

돌아오는 길 또한 마찬가지였습니다. 막히는 고속도로를 포기하고 국도로 빠져서 느긋하게 시속 80킬로미터 이하로 다니다 쉬고 먹고 놀면서 천천히 집으로 돌아왔습니다. 그런데 도착시간도 그렇게 차이가 나지 않았다고 합니다.

집에 돌아와 아이와 재미있게 놀고 있자니 아내가 말했습니다.

“여보, 피곤하지 않아? 운전도 하고 이모님 댁이랑 같이 다니느라 힘들었을 것 같은데……. 전에는 여행 갔다 오면 항상 피곤해 했잖아?”

“글쎄, 하나도 안 피곤한데?”

정말로 피곤하지 않았습니다.

그렇게 정석 씨의 '준비 없이 여행하기'는 준비 없이 시작됐습니다. 그리고 그의 여행관이 180도 바뀌었습니다. 일본 오키나와 여행도 3일 전에 예약해서 100만 원 조금 넘는 비용으로 다녀왔지요. 현지에서 사람들과 만나고 부대끼고 손짓 발짓 보디랭귀지로 잊을 수 없는 추억을 만들었다고 합니다.

"아빠, 너무 재미있다. 우리 또 오자!"

아이도 즐거워하고 아내도 좋아했습니다. 준비하고 계획하고 그 기간 내내 스트레스를 받고, 또 현장에서 계획대로 이루어지지 않으면 짜증을 내던 예전과는 많이 달라졌습니다. 물론 모든 여행을 정석 씨처럼 준비 없이 떠나라는 말은 아닙니다. 그저 여행을 너무 어렵게 생각하고 또 철저하게 준비하면서 힘들어하는 사람들이 있다면 참고하시라는 이야기입니다.

사업도 연애도 하다가 잘 안 되면 '실패'라고 말하지요. 그러나 여행에 있어서만은 '실패'가 아니라 '추억'이 되고 '경험'이 됩니다. 생각지 못한 사건을 만난 이야기, 그것이 바로 추억이며 돌아보면 웃음 짓게 되는 여행의 선물이 아닐까요.

"여행자의 목적지는 어떤 장소가 아니다.
사물을 바라보는 새로운 방식이 그 목적지이다."
- 헨리 밀러《북회귀선》저자) -

"One's destination is
never a place.
But a new way of
seeing things."

7
TRAVEL

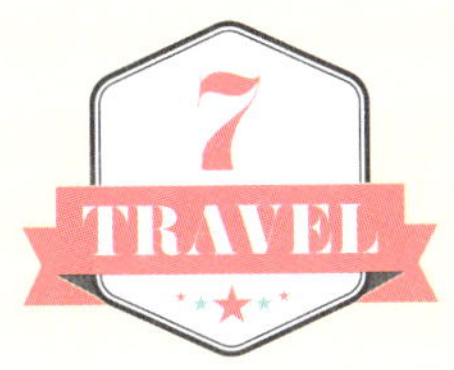

아이와의 여행, 어디까지 가야 여행일까요?

여행의 거리

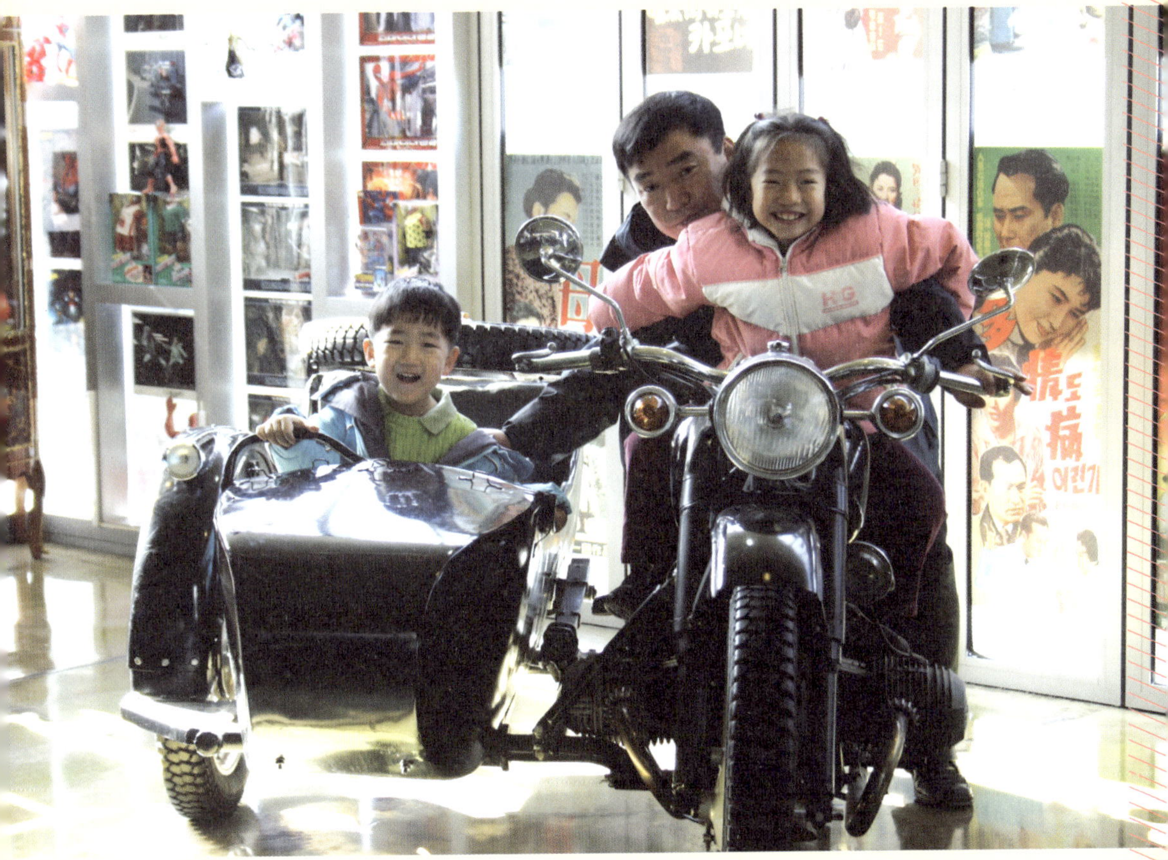

여행을 하려면 준비를 해야 하는데요. 어떻게 얼마나 해야 할까요? 직업이 여행작가라고 하면, 여행준비를 어떻게 하는지에 대한 질문을 많이 받습니다. 가족들과 함께 여행을 떠날 때면 저도 준비 때문에 적잖이 스트레스를 받습니다. 남편과 아이 둘에 대한 준비뿐 아니라 제 취재준비도 해야 하니 항상 짐이 많고 복잡해 빠뜨리기 일쑤이죠. 또 동선을 체크하고 식당과 숙소, 자료수집까지, 모든 것이 버거워 부담이 됩니다. 소요시간과 비용 등을 사전 조사해 120퍼센트, 아니 150퍼센트쯤 준비하는 것 같습니다. 현장에서 놓치면 어쩌나 하는 불안감과 완벽해야 한다는 강박관념도 있고요.

어느 날 문득 여행은 쉼표 한 박자인데 '내가 제대로 하고 있는 건가?' 하는 생각이 들더군요. 쫓기듯 빡빡하게 여행하고 있다는 생각과 함께 완벽한 준비에도 불구하고 무언가 빠진 듯한 느낌을 떨칠 수가 없었습니다. 그게 뭘까요? 계획한 대로 100퍼센트 다니며 보고 챙기고 예정대로 진행하고 있는데, 그것이 무엇이었을까요?

우리 선조들의 그림에는 '여백의 미'가 있습니다. 그림을 꽉 채우지 않고 흰 여백을 남겨두는 것이지요. 돌아보니 제 여행에는 바로 그 '여백'이 빠져 있었습니다. 다른 말로 하면 '여지'라고 할까요? 무언가 다른 것이 비집고 들어올 틈 말입니다. 우연히 만난 노부부와 도란도란 이야기를 나누고, 아담한 항구에서 낚시하는 아저씨의 낚시질을 가만히 지켜보는 시간들, 마음이 동하면 해변에 누워 하늘을 바라보는 느긋함 말입니다. 그들과 그 시간과 그 공간을 받아

'여행'이라고 해서 꼭 멀리 가야 하는 것은 아닙니다.

여행이란 내가 생활하는 쳇바퀴 같은 일상에서 잠시 떨어져

객관적인 내가 되었다가 돌아오는 것이니까요.

들일 여유가 없었던 것 같습니다. 계획대로 움직일 생각으로 머리가 꽉 차 있으니, 마치 제가 짜놓은 거미줄에 걸려 옴짝달싹 못하는 형국이었습니다.

여행은 다른 지방을 돌아보며 그들의 생활을 간접 경험하고 세상의 이치를 깨우치는 것입니다. 그곳에 사는 그들의 생각과 마음을 이해하고 받아들이는 것이지요. 예상치 못한 경험을 하게 될 때 더 기억에 남고 큰 울림이 있습니다. 그런데 저는 그곳에서 마음과 시간을 나눌 태도도 준비도 안 되어 있었던 것이지요. 그날 이후 여행에 대한 준비가 느슨해졌습니다. 여유가 생겼다고 할까요? 제가 변하니 다른 가족들도 훨씬 편안해 하는 것 같았습니다.

또한 '여행'이라고 해서 꼭 멀리 가야 하는 것은 아닙니다. 여행이란 내가 생활하는 쳇바퀴 같은 일상에서 잠시 떨어져 객관적인 내가 되었다가 돌아오는 것이니까요. 잠시 떨어져서 나를 보면 나의 생각과 고민과 문제가 훨씬 명확해 보이고 답도 잘 보입니다. 또 그것이 생각만큼 커다란 고민거리가 아니었다는 것도 깨닫게 되고요. 그러니 근사하고 완벽하게 꽉 짜인 여행에 대한 로망을 조금 내려놓아도 좋습니다. 즉흥적이면 어떻습니까? 그것으로 재충전이 된다면 '즐거운 여행'이고 여행의 목적을 이미 달성한 것이지요.

어느 날 아이가 학원 가기 싫다고 투정부리면, 한 번쯤 일탈을 해보세요.

"그래? 그럼 엄마랑 데이트할까?"

"정말?"

"우리 여기서 제일 처음 오는 버스 타고 종점까지 가볼까? 재미있겠지?"

돈이 많을 필요도 없습니다. 그냥 집 앞에서 기다리다 제일 먼저 오는 버스를 타세요. 김밥 두 줄 사고 생수를 챙기면 더욱 좋겠지요. 그렇게 아이와 나란히 앉아 버스를 타고 마냥 달려보세요. 버스를 타고 내리는 사람들과 차창 밖의 풍경들……. 그러다 맘에 드는 곳에 내려 거리를 거닐고 구경을 하세요. 근처 공원에서 자전거를 빌려 타거나 아이랑 도란도란 이야기를 나누며 김밥을 먹거나, 골목길에서 자장면을 사먹어도 좋겠습니다.

이렇게 보낸 엄마와의 하루가 아이의 기억에 오래 남을 것입니다. 그때 나누었던 이야기도요. 엄마와 아빠와 지낸 수많은 보통의 날들보다 깊은 여운이 되어, 평생 갈 아이의 기억창고에 자리할 겁니다. 언젠가 힘들 때 큰 힘이 될 것입니다. 어쩌면 그날 하루 빼먹은 학원수업보다 더욱 큰 무언가를 가슴에 심어줄 수 있을지도 모릅니다.

아이와 즉흥여행 하기 좋은 코스

하나. 서울 시티투어 추천 6~8세

시티투어 하면 외국인 관광객을 위한 코스로 생각하기 쉬운데 그렇지 않다. 서울의 핵심장소를 쏙쏙 뽑아 아이와 함께 하루를 즐겁고 유익하게 보낼 수 있다. 고궁 중심, 야간 투어, 파노라마 코스 등이 있다. www.seoulcitybus.com

둘. 전주 79번 트롤리 버스 추천 8~10세

전주역, 버스터미널, 한옥마을, 남부시장, 김제 금산사 등 전주 명소가 모두 연결된다. 제복을 입은 기사님 이 운전하는 빨간색 트롤리 버스는 멀리서도 한눈에 보인다.

셋. 동해바다열차 추천 3~7세

강릉부터 삼척까지 동해안을 따라 달리는 열차. 바다 쪽을 향하도록 내부의자를 개조하고 창을 넓게 만들 었다. 신청곡을 들려주고 사연을 읽어주며, 모니터를 통해 OX 퀴즈 대결을 하고 선물을 받는 즐거운 동해 안 열차 코스다. www.seatrain.co.kr

8

TRAVEL

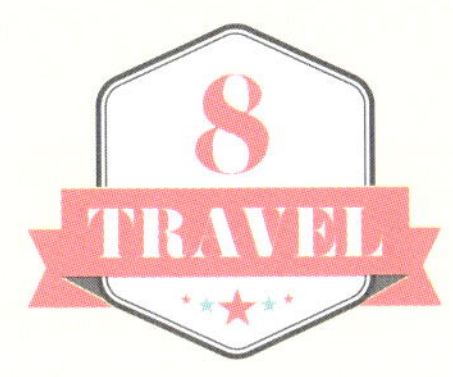

아이들에게 딱 맞는 여행지는 어디인가요?

여행지 선택

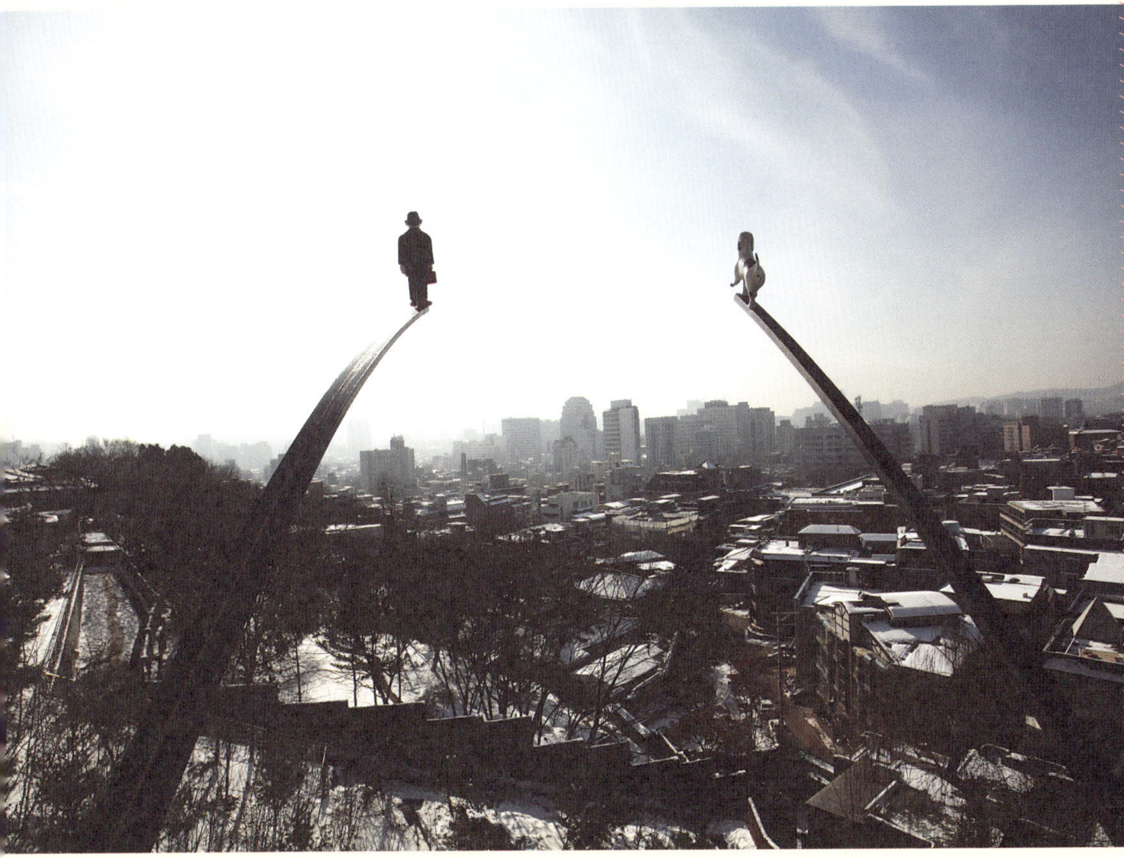

어느 날이었습니다. 강의를 끝내고 나오는데 수강자 중 한 분이 차를 마시자고 하더군요. 지난겨울 괌으로 가족여행을 다녀오셨다 했습니다.

"우와~ 멋지네요. 아이들도 무척 즐거워했죠?"

저의 질문에 그분은 금세 얼굴이 어두워졌습니다.

"그런데 그게……. 그렇지가 않더라고요."

"왜요?"

남편은 회사일로 바쁘고 자신은 프리랜서로 일을 하기에 아이들을 친정어머니께 맡기며 쫓기듯 살고 있었다고 합니다. 그러다 친구로부터 괌 여행 이야기를 들었죠. 3박 4일 괌 여행을 다녀왔는데 테마파크처럼 물놀이 시설이 완비된 호텔에 머물면서 물놀이를 실컷 하고, 해변에서 놀며 맛있는 음식을 먹었다고, 간만에 남편과 아이들과 함께 즐거운 가족여행이 되었다고 자랑이 대단했다 합니다. 그래서 인터넷을 찾아보니 그렇게 여행을 다녀온 사람들의 즐거운 이야기들을 쉽게 만날 수 있었습니다. 행복해 보였습니다. 하지만 실제 가보니 달랐다더군요.

"아이가 몇 살인가요?"

"여섯 살과 네 살입니다."

괌으로 가는 비행 스케줄이 그리 좋지 않아 괌에 도착한 것이 새벽 두 시. 가이드가 호텔에 데려다주고 체크인을 했습니다. 그리고 몇 시간 후인 9시쯤 아침식사를 마친 상태에서 로비 미팅을 하고 투어를 시작했다고 합니다. 이때부터 원데이 트립(one-day trip)이나 선택 관광, 혹은 비치나 호텔 내 물놀이 시설에서 시간을 보내게 됩니다.

더 자고 싶고 쉬고 싶은데 비싼 비행기 값을 지불하고 괌까지 갔으니 '본전 생각'이란 것이 났답니다. 잠만 자기에는 아까웠던 것이죠. 그래서 어떻게든 열심히 놀려 했지만 선크림을 발랐다고 해도 뜨거운 햇살에 아이들은 화상 비슷한 상태가 되어 아파했고, 겨울인 우리나라에서 열대 괌으로의 여행은 시차도 문제지만 면역력이 약한 아이들에게 많이 힘이 들었나 봅니다. 어른에게도 버거운 스케줄인데 여섯 살과 네 살 아이에게는 어떠했을까요? 남편은 못마땅해 투덜대고 아이들 문제로 말다툼을 하게 되었으며, 이후로도 크고 작은 의견 차이로 돌아올 때까지 툭탁툭탁 곱지 않은 말이 오갔다고 합니다.

그렇게 3박 4일을 다녀오고 나니 남편도 자신도 피곤하고, 아이들은 병원을 들락거리고, 깨어버린 적금은 아깝고, 그럴수록 남편의 눈치를 더 보게 되고……, 잘 하려고 했는데 결과는 엉망진창, 화가 났다고 했습니다.

"저희 여행, 뭐가 잘못된 걸까요?"

"그런데 괌으로 3박 4일의 여행을 계획하신 이유가 무엇인가요?"

"남들이 그렇게 가니까 우리도 그렇게 가야 한다고 생각했어요."

"가까운 곳으로 가면 비용과 힘이 덜 들었을 텐데요."

"그렇긴 한데 주위에서 모두 그렇게 하니 저도 그래야 할 것 같기도 하고……. 그대로 따라하면 그 사람들처럼 행복해질 것 같았어요. "

남들이 다 가니까! 얼핏 들으면 우습기도 하지만 대부분의 여행자들이 그렇게 여행을 떠납니다. 주위 사람들이 모두 그렇게 하니 나도 그 정도는 해주어야 하지 않을까 싶지요. 하지만 다른 사람들이 즐거웠다고 자신들도 즐거우리란 보장은 없습니다. 그러니까 이 가족의 경우는 다른 사람의 경우를 자신들의

SNS와 블로그에서 행복해 보이는 여행이 아닌,

진정 가족에게 맞는 여행을 선택하는 것이 중요합니다.

상황과 입장, 처지와 대입했을 때의 변수를 잘못 계산한 것입니다.

"아이들이 힘들었을 거예요. 가까운 시립수영장 같은 데 가서 신나게 노는 것이 더 좋았을 텐데요. 괌은 아이들에게 인지능력이 생기고 체력이 생겼을 때 가도 늦지 않습니다."

여섯 살과 네 살 아이들이라면, 근처 수영장이나 물놀이 공원에 가서 실컷 놀고, 맛난 것 사먹으며 하루를 마음껏 즐기는 것이 더 좋았을 것입니다. 여섯 살과 네 살 아이들은 괌이든 동네 수영장이든 크게 중요하지 않아요. 그저 물에서 놀고 즐거우면 되는 것이지요. 스트레스 없이 신나게 놀아야 하는 나이인데 지방에서 올라와 인천공항에서 비행기를 타고 괌에 도착, 시차에 잠도 모자란데 열대 폭염 속에서 놀라고 강요당했으니 아이들로서는 힘에 겨웠을 겁니다. 남편이 짜증을 낸 것도 그래서였을 거고요. 의도는 좋았으나 결과적으로 돈은 돈대로 쓰고 아이들은 아팠으니 말이죠.

아마 그분도 제게서 그런 말이 나올 것을 알고 계셨을 겁니다. 이미 그리 생각하고 계셨을 테니까요. 그런데도 굳이 상황을 설명하고 이야기를 들은 것은 누군가 이야기를 들어주었으면 하는 마음, 하소연하고 싶은 마음이 더 컸는지도 모릅니다.

이 세상에서 가장 먼 거리는 '머리와 가슴 사이'라고 하더군요. 머리로는 이해하지만 가슴이 움직이지 않는 일이 많고, 또 마음은 그러하나 주변의 이목과 체면 혹은 자존심 때문에 행하지 못하는 것도 많습니다. 뻔한 이야기지만 SNS와 블로그에서 행복해 보이는 여행이 아닌, 진정 가족에게 맞는 여행을 선택하는 것이 중요합니다.

"나는 실패한 게 아니다.
나는 잘 되지 않는 방법 1만 가지를 발견한 것이다."
- 토마스 에디슨 -

9
TRAVEL

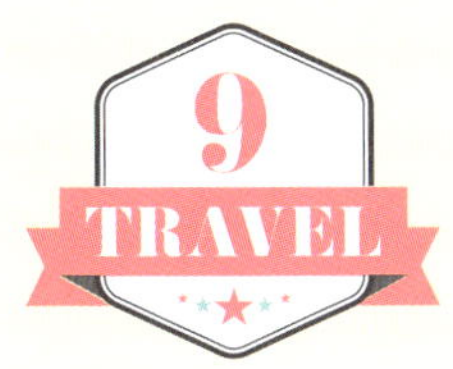

여행의 속도는
어느 정도가 적정할까요?

여행의 속도

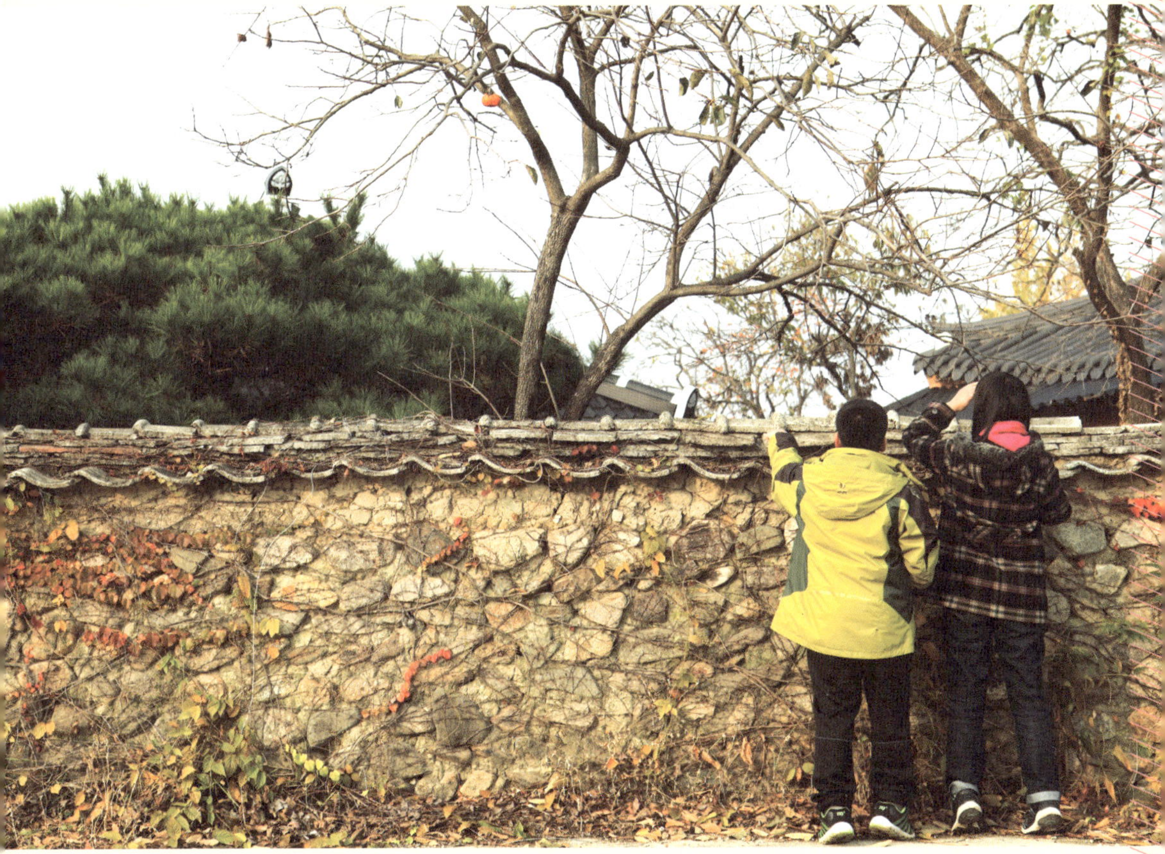

"엄마, 한국 속담 아는 거 있으세요?"

어느 날 아침, 초등학교 저학년인 아들이 울상을 지었습니다. 숙제를 못 했다고요. 우리말 속담 50개를 찾아오라 했다는군요. 아침상을 차리며 머리를 쥐어짜봐야 몇 개 되지 않았습니다. 걱정 말라며 밥을 먹이고는 컴퓨터 앞에 앉았습니다. 녹색 창에 '우리말 속담 50개'라고 검색어를 쳐 놓고 엔터를 눌렀습니다. 눈앞에 우리말 속담이 정리된 사이트와 블로그가 쫘악 펼쳐지는데, 50개가 아니라 200개, 400개도 걱정 없습니다. 그 또래 아이들의 공통 과제였나 봅니다. 긁어서 한글 파일에 옮겼습니다. 너무 쉬운 일이더군요.

혹 같은 방법으로 숙제를 한 친구가 있을까, 순간 걱정이 되어 순서를 바꾸고 넘버링을 다시 한 다음, 학년 반과 이름을 써 넣고 깔끔하게 출력해주니 10분도 걸리지 않았습니다. 아이는 함박웃음을 지으며 숙제를 받아들고 신나게 학교로 갔습니다.

흥겨운 마음으로 아침상을 치우고 청소기를 밀고 세탁기를 돌리며 집안일을 했습니다. 숙제를 못 해 얼굴을 찌푸리던 아이는 뿌듯해 하며 학교를 갔고, 저는 현명하고 재빠른 대처로 난관에 처한 아이의 위기를 넘겨준 재치 있는, 아니 실력(?) 있는 엄마였으니까요.

그런데 시간이 지나면서 기분이 조금씩 오묘해졌습니다. 뭘까요? 오후가 되면서 아들의 숙제를 대신 해준 것이 잘한 일이 아니었다는 생각이 들었습니다. 아들이 스스로 숙제를 했다면 50개를 찾지는 못 했을 겁니다. 엄마, 아빠, 혹은 누나에게 물어봤을 테니까요. 그러나 숙제는 제대로 하지 못했더라도 한두 개의 속담은 익혔을 겁니다. 후회가 밀려왔습니다. 속담 숙제를 잘 해갔지만 아들은 그 안에 뭐가 들었는지 모릅니다. 숙제를 낸 교사와 학습과정이 지향하는 바는 결코 아니었겠지요.

공교롭게도 그 주 주말에 초등, 중등 아이들과 역사여행을 하고 글로 써서 신문 만드는 작업을 했습니다. 아이들 4~5명씩을 묶어 여행기, 인터뷰, 특집, 스토리텔링 등 다양한 형태로 글을 쓰게 했는데, 자료조사 차원에서 인터넷 검색을 허용했습니다. 그랬더니 학생들은 자신이 써야 하는 주제를 찾아 뉴스와 블로그, 홈페이지를 방문했습니다. 그리고는 그곳에 있는 글을 복사해 한글로 옮겼습니다.

개중에는 이곳저곳 자료조사를 한 후 자신의 생각을 정립해 쓰는 아이들도 있었습니다만, 인터넷 사용률이 높은 아이일수록 '긁어서' 분량을 채웠습니다. 때문에 결과물은 분량이 적당하고 사례도 많은 그럴싸한 원고였지만, 어딘가 연결이 자연스럽지 않고 문단이 따로 놀며 톤이 다른 글이었습니다. 가장 중요한 것은 그 아이의 머릿속에서 나온 생각이 아니라는 것이겠지요. 어떤 내용인지 모르지만 클릭 몇 번으로 숙제와 리포트가 가능한 것이 디지털 시대, IT 강국에 사는 우리 아이들의 현재입니다.

옛날에는 책이 귀했습니다. 인쇄도 복사도 안 되던 시절, 선비들은 책 한 권을 빌리면 모조리 필사했습니다. 손으로 쓰는 데는 시간이 걸립니다. 컴퓨터에 타자로 치는 속도보다 많이 느리고 'Ctrl+C'와 'Ctrl+V'를 하는 시간보다 몇 배나 더 걸리지요. 시간이 많이 걸린다는 것은 해당 시간 동안 그것에 집중해야 함을 의미합니다. 생각을 하고 있어야 한다는 것이고요. 'Ctrl+C'와 'Ctrl+V'를 이용하면 사람의 머리보다 몇 배는 빠른 속도로 문제를 처리할 수 있지요. 그

어른들이 도와준다는 것, 그건 도와주는 게 아닐 수도 있습니다.

진도가 빨리 나간다는 것, 그것 또한 어른들과 부모의 만족이지

진정 아이를 위하는 일이 아닐지도 모릅니다.

내용에 대해 미처 생각하지도 못 할 시간에, 아니 이해도 하지 못할 시간에 이미 많은 분량이 처리되어 있습니다. 빠른 속도가 과연 좋은 것일까요?

아이들과의 여행도 마찬가지입니다. 어느 가을날 충청남도 공주로 밤 줍기를 하러 갔었는데 일 년 중 밤 수확 철인 가을에만 할 수 있는 체험이라 참여하는 아이들이 많았습니다. 아이들은 밤을 주울 생각에 들떠 있었고, 주운 밤을 모두 가져도 되냐며 흥분했습니다.

도착해서 오전 내내 밤을 주웠습니다. 산자락 밤나무 아래엔 밤송이들이 끝없이 널려 있었고 양파자루 하나씩을 받아, 채운 만큼 가져갈 수 있었습니다. 따갑다고 주춤대던 아이들이 조금 지나니 집게와 나무막대기, 신발 모서리를 이용해 제법 잘 까고, 또 주웠습니다. 전리품마냥 한 자루씩 꽉꽉 채워 돌아오는 아이들의 얼굴에는 해님보다 더 크고 활기찬 미소가 가득했지요.

오후에는 할아버지들이 만들어놓은 나무 뼈대 허수아비에 옷 입히기, 꽃물들인 손수건 만들기 등도 했습니다. 돌아오는 길에 아이들에게 무엇이 가장 재미있었느냐고 물었습니다. 그런데 조금의 시간도 두지 않고 '밤 줍기'라고 했습니다. 반면 빠르게 진행되었고 힘들까 봐 어른들이 준비해주고 도와주었던 허수아비 만들기가 가장 재미없었다고 하더군요.

어른들이 도와준다는 것, 그건 도와주는 게 아닐 수도 있습니다. 진도가 빨리 나간다는 것, 그것 또한 어른들과 부모의 만족이지 진정 아이를 위하는 일이 아닐지도 모릅니다. 아이를 위해 많이 보여주고 빨리 여행하는 것, 그것 또한 아이를 위한 여행이 아닐 수 있습니다.

"모방해서 성공하는 것보다
독창적으로 실패하는 게 더 낫다."
- 허먼 멜빌《모비딕》의 저자)-

10 TRAVEL

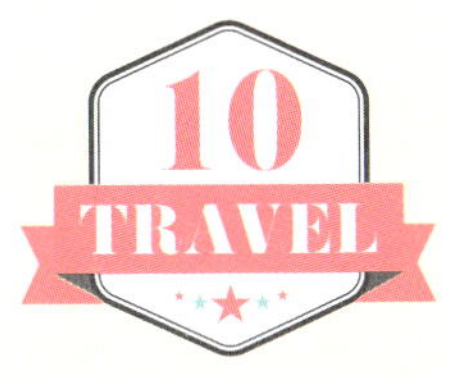

가족여행은 누구를 위해 가는 것인가요?

가족여행

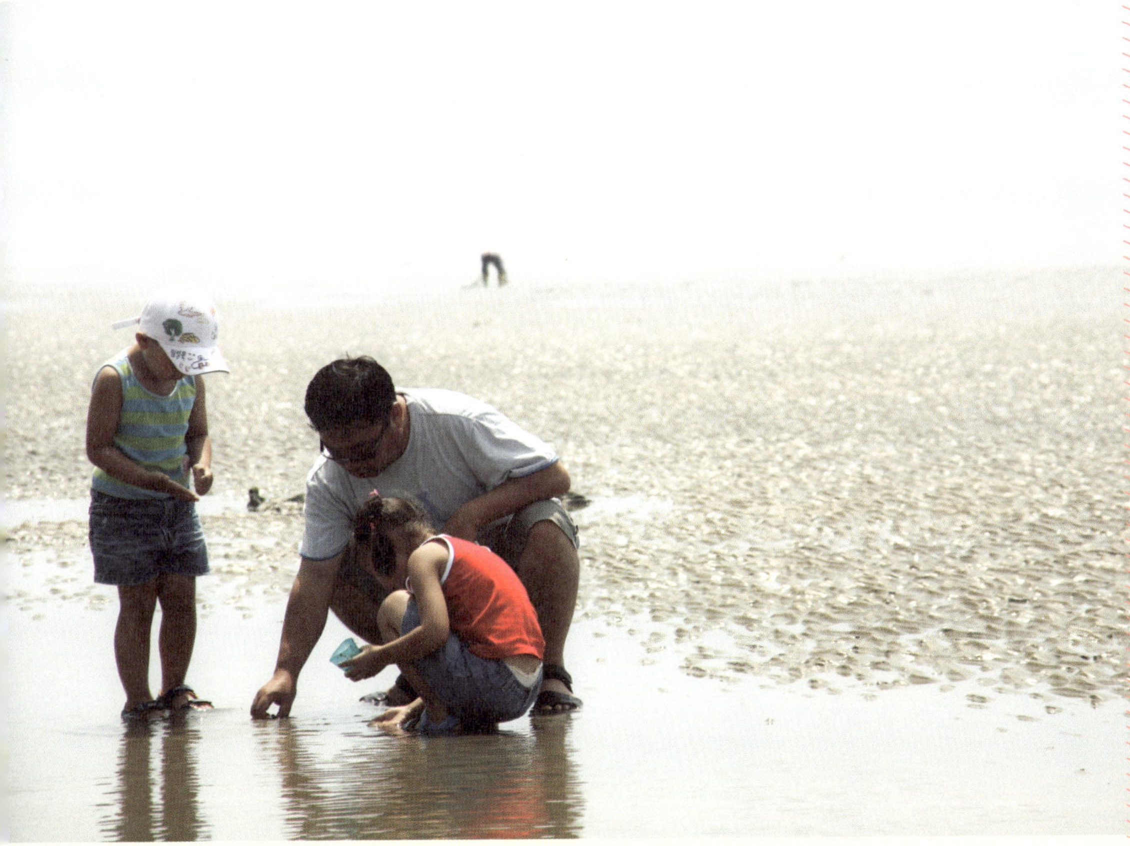

"아니 왜 그렇게 피곤해해요?"

"어제 가족여행을 갔다 왔거든요."

"아이고~ 힘드셨겠어요."

　지하철 옆자리에 앉은 사람들이 하는 이야기를 들었습니다. 넥타이를 맨 직장인 두 명이 서로를 위로하듯 이야기를 나누더군요. 서로가 공감하는 듯한 분위기였고 엄마인 저는 기분이 묘했습니다. 여기서 내린 결론, 가족여행을 다녀온 아빠는 피곤하다! 왜일까요?

　그러고 보니 한 후배의 이야기가 생각납니다. 가족들과 놀이공원에 다녀왔다고 했습니다. 주말이라 오가는 길이 밀려 운전만으로도 이미 기진맥진한 상태, 하지만 사람이 많아 아이들과 아내가 놀이기구를 타는 동안 그다음 장소에 가서 줄을 서 있는 것이 아빠의 임무였답니다. 내리쬐는 뙤약볕에 얼굴이 잔뜩 익었다고 하소연하더군요. 놀이기구 타는 줄에는 자신과 같은 아빠들이 많았고 기다리면서 서로 신세한탄을 나누었다고 합니다. 줄서기뿐만 아니라 무거운 짐 전담하기, 화장실 앞에서 기다리기, 아이스크림과 음료수 사다 나르기……, 아빠들은 머슴 중에서도 상머슴이라 했습니다.

　엄마가 있어 좋다.

　나를 예뻐해 주셔서.

냉장고가 있어 좋다.

나에게 먹을 것을 주어서.

강아지가 있어 좋다.

나랑 놀아 주어서.

그런데 아빠는 왜 있는지 모르겠다.

아빠가 강아지만도 못한 존재임을 말하는 초등학교 2학년 아이의 시가 한
때 인터넷을 달구었습니다. 언제부터 아빠의 존재감이 이리 되었을까요. 그렇
지 않은 가정도 많지만 아빠들에게 여행은 즐거움보다는 희생과 봉사로 여겨
지곤 하나 봅니다. 가족여행이란 대체 뭘까요? 누군가가 봉사 혹은 희생이란
느낌을 갖는다면 생각을 다시 해봐야겠습니다.

그러던 어느 날 회식자리에서 후배의 얼굴이 활짝 핀 것을 보았습니다.

"요즘 좋은 일이 있나 봐?"

"어, 선배 그게 말이야~ 요즘 내가 캠핑에 빠졌거든."

"캠핑?"

"어, 캠! 핑!"

무슨 일일까요? 의욕이 없던 후배의 삶을 바꿔놓은 것이 뭘까요? 이야기의
전말은 이러했습니다. 첫째가 딸이고 둘째가 아들인 후배는 놀이공원에서 만
난 다른 아빠들과 다를 바가 없었습니다. 운전하랴, 짐 들랴, 아이들 시중들
랴……, 여행을 가면 녹초가 되었고 술 한 잔 편히 마시지 못했습니다. 그런데
어느 날 친구의 얘기를 듣고 옛날 생각도 나서 별 생각 없이 캠핑을 가게 되었

가족은 함께 어우러져야 하며, 가족여행은 가족 모두가 즐거워야 합니다.
가족여행이라고 했을 때 누군가 희생이나 봉사라는 단어가 떠오른다면,
그건 뭔가 개선해야 한다는 뜻입니다.

다는 것입니다. 그런데 예상치 못한 결과가 나타났습니다. 자신에 대한 존재감을 찾기 시작했다는 것이지요. 무슨 얘기일까요?

그전까지 후배는 가족과의 생활이 그리 즐겁거나 행복하지 않았다고 합니다. 딱히 가족에게 불만이 있었던 것도 아니니 그냥 무덤덤했다고 할까요? 그는 아내와 토끼 같은 아이들을 사랑하는 아빠였습니다. 그런데 생활이 점점 아이들 중심으로 돌아갔습니다. 아내는 모든 일에 아이가 우선이라 자신에 대한 관심은 줄어들었고, 월급도 통장으로 들어가 아내가 관리합니다. 회사일이 바쁘기도 했지만 자신이 없어도 가정은 잘 굴러갔고 집안일과 아이들에게 있어 자신의 필요성은 점점 줄었습니다.

여행 또한 마찬가지, 가고 싶은 장소도 프로그램도 아이들과 아내의 결정에 따랐지요. 본인은 별 재미가 없어도 아이들이 즐거워하면 그것으로 되었으니까요. 선택권도 결정권도 없었고 있다 하더라도 형식적이었습니다. 그저 자기는 운전하고, 짐 들고, 대신 줄 서고, 음료수와 음식을 나르는 그런 사람이 되어 있었습니다.

그런데 캠핑은 달랐습니다. 무거운 짐이 많아 짐꾼인 것은 매한가지였지만 자신의 중요도가 달랐습니다. 자신이 집을 지어야 아이들이 쉴 수 있고, 요리를 하고 낚시를 하고 갯벌을 거닐고 하는 일련의 과정에서 자신이 가장 중요한 존재였습니다. 더 이상 그저 그런 허드렛일을 하는 존재감 없는 주변인이 아니었습니다. 원시부족장이 된 듯 자신이 집을 짓고 먹이는 상황이 되었고, 저녁이면 무섭다고 아이들이 매달리고 사랑을 표현했으며, 아내 또한 자신에 대한 의존감이 높아졌습니다. 몸은 조금 더 바빠졌고 피곤했지만 그 피곤함과 바쁨은 '아빠의 자리'에 대한 만족감을 넘어선 그 이상이었습니다. '아빠'의 존재감이 급상승한 것이지요.

가족은 함께 어우러져야 하며, 가족여행은 가족 모두가 즐거워야 합니다. 가족여행이라고 했을 때 누군가 희생이나 봉사라는 단어가 떠오른다면, 그건 뭔가 개선해야 한다는 뜻입니다. 서로 의지하고 함께 집을 짓고 먹을거리를 준비해 나누어먹는 그 기쁨, '아빠가 최고'라며 엄지손가락을 치켜드는 아이와 그 아이를 바라보며 미소 짓는 아내! 그 모든 것이 행복과 뿌듯함을 더하고 자존감과 존재감을 찾아주어 후배의 얼굴이 반짝반짝 빛났던 것이지요.

물론 모두가 캠핑을 해야 한다는 말이 아닙니다. 그저 가족여행을 할 때 가족 모두가 어우러지는 즐거움인지, 누구 하나가 내켜 하지 않는지 잘 살피는 것이 중요하다는 얘기입니다.

11
TRAVEL

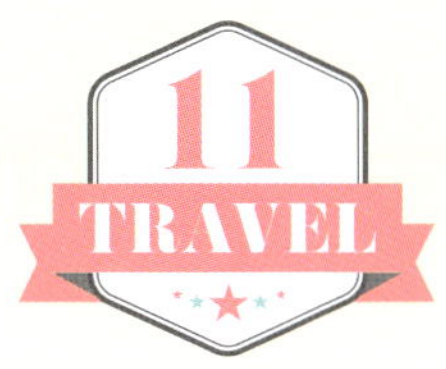

아이들과 함께 여행일정을 짜고 싶어요!

여행일정

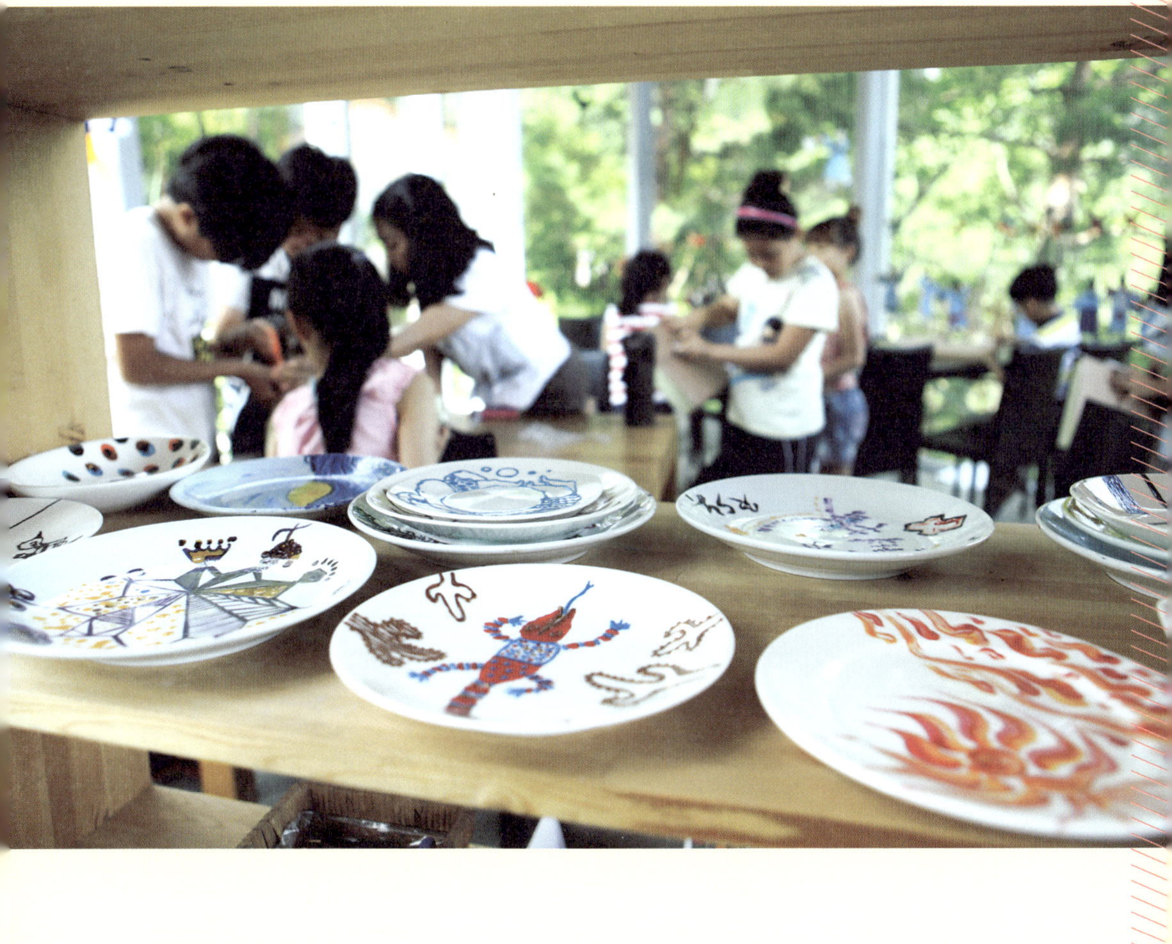

요즘 학부모들 사이에선 '자기 주도적 학습'이란 말이 많이 오갑니다. 아이들이 스스로 목표와 계획을 세우고 공부한다는 말이지요. 주입식 교육에 의한 단점이 드러나면서 새롭게 대두되고 있는 교육법으로 저 역시 바라는 바입니다.

여기 여행을 준비하는 가족이 있습니다. 가족여행이지만 대부분의 가족이 그러하듯, 가격과 기간을 고려해 여행상품 혹은 여행 스케줄을 두고 부모들이 고민에 고민을 거듭해 결정합니다. 결과적으로 보면 모든 것을 부모님이 정하고 아이들은 그저 따라가는 형식입니다. 공부에 있어서는 자기 주도적이기를 바라면서 여행에 있어서는 정한 대로 따라오라는 주입식, 즉 부모 주도적 방식입니다.

자기 주도적 학습처럼 여행에 있어서도 부모 주도적 여행이 아니라 자기 주도적 여행을 해보면 어떨까요? 아이에게 여행일정 짜기 권한을 주는 것입니다. "에이~ 애들이 무슨?" 하실 수도 있습니다. 하지만 컴퓨터로 검색할 수 있는 나이가 되면 얼마든지 가능한 일입니다.

"우리가 2박 3일간 가족여행을 떠날 수 있는데, 돈은 50만 원 정도 쓸 수 있어. 우리 큰딸이 여행계획을 좀 짜볼까? 돈이 아주 많이 초과되거나 일정이 너무 힘들지 않으면 그대로 가볼까 해."

그리고 거기에 미션을 두어 개 주는 겁니다.

"그래도 공부에 도움이 되는 체험 하나 넣었으면 좋겠어. 아빠가 좋아할 장소도 하나 넣고, 맛난 제철 먹거리도 먹어야겠지?" 하고요. 처음엔 아이가 의아해 하겠지만 곧 "정말?" 하며 즐거워할 것입니다. 미션을 받은 아이들이 여러 가지를 살펴봅니다. 부산이 어디에 있는지, 경부선과 호남선 기차의 출발역은 어디인지 지도도 검색하고요.

"어머~ 전주가 여기에 있었네."

"여수랑 통영이랑 이렇게 가까운 줄 몰랐어요."

사회시간에 사회과부도를 들추며 외우던 것보다 눈에 쏙쏙 들어옵니다. 지리공부가 절로 되고 있는 것이지요.

또 블로그를 뒤지고, 댓글과 평을 보고, 지자체 홈페이지와 해당 장소의 안내 사이트에도 들어가 보고 하면서 동선을 짜겠지요. 비슷한 장소가 있으면 비교도 하면서요. 관광명소가 대부분 역사적인 장소이고 왜 유명한지 이유와 의미를 설명하는 곳이 많으니, 역사공부가 절로 되는 것은 말할 필요도 없습니다.

이번에는 맛집입니다. 지역의 제철 먹거리가 무엇인지 검색하고, 어떤 곳이 싸고 맛있게 요리하는지, 또 어떤 메뉴를 선보이는지 알아봅니다. 특히 이 부분을 아이들은 가장 관심 있어 하고 또 잘합니다. 그럼 자연스럽게 지역 특산물과 제철 먹거리에 대해 흥미 있는 자기 주도적 학습이 진행되지요.

"엄마, 안동에 가면 안동 간고등어랑 헛제사밥을 먹어봐야 한대요. 헛제사밥이 신기해요. 제사 지냈다고 거짓말을 하고 제사음식을 먹었대요. 그걸 먹기 위해 선비들이 거짓말을 했다니 우습지 않아요? 그렇게 맛있을까요? 고추장이 아니라 간장에 비벼 먹는다는데 우리 한 번 먹어봐요! 간고등어도 신기해요. 안동은 바닷가가 아닌데 왜 고등어가 유명하죠?"

꼬리에 꼬리를 무는 의문과 질문은 뇌 활동에 분명 도움이 됩니다. 또 이렇게 동선을 정하고, 음식가격을 알아보고, 숙소를 확인하면, 물가를 알게 되고 계산을 뽑아보면서 아이들이 수에 대한 감각도 기를 수 있습니다.

보통 부모들이 정한 여행을 무작정 따라가면 아이들은 관심 없어 하고 지루해서 뒤로 처지며 핸드폰만 주무르기 일쑤입니다. 그러나 이번에는 다를 겁니다. 여행지로 가면서, 또 도착해 다니면서도 아는 체를 하느라 신이 나겠지요.

이 부분이 가장 중요합니다. 어른들이 모두 정해놓은 여행은 아이들에게 재미가 없습니다. 들러리 여행이니까요. 설명하고 아는 체하는 아이 모습을 보면 부모들도 대견한 마음이 들겠지요. 이로써 아이는 자신감과 리더십을 자연스레 키우게 됩니다. 또 자신이 심사숙고해 선정한 '엄마가 좋아할 장소', '아빠가 좋아할 장소'를 엄마 아빠가 좋아하면 아이들은 무척 뿌듯해 합니다.

"부서 MT를 가는데 저보고 계획 짜고 예약하고 알아서 하래요. 어쩌죠?"

며칠 전 취직한 지 얼마 되지 않은 친척동생을 만났습니다. 책상에 앉아 죽어라 공부만 하던 아이였기에 무척 난감해했습니다. 그래서 부서원들이 무얼 좋아하는지 주의 깊게 살펴본 다음, 연관된 장소들로 여행 동선을 짜라고 조언을 했습니다.

앞서 이야기한 대로 아빠가 좋아할 곳, 혹은 엄마나 동생이 좋아할 곳을 여행계획에 넣고 자신이 짠 여행을 가족들이 좋아하고 칭찬을 들으면 아이는 힘이 납니다. 부서 MT 또한 마찬가지, 부장님이 좋아하시는 것과 동료가 좋아할 곳 등 부서원들을 잘 관찰해 그들이 즐거워하도록 하면 만족도가 높아지고 칭찬으로 이어지겠지요. 분명 어깨가 으쓱, 힘이 나고 자신감이 붙을 겁니다.

혼자만 잘하는 것이 아니라 다른 이들에게 관심을 갖고 그들이 즐겁도록 어우르는 습관과 능력은 인생에 있어 큰 재산입니다. 부장이 되면 부서원들을, 사장이 되면 회사직원을 즐겁게 품으며 이끌어갈 것입니다. 바로 '부드러운 리더십'입니다. 자기 주도적 여행 속에 세상을 움직이는 이치가 있습니다. 그리고 멋지고 자신감 있는 아이로 만들 비법이 숨어 있습니다.

"모든 여행에는 여행자가 미처 알지 못했던
숨겨진 목적지가 있다."
- 하르틴 부버 -

"All Journeys Have Secret Destinations of Which The Traveller is Unaware."

숙소는 어떤 기준으로
어떻게 구하는 것이 좋을까요?

\# 숙소 정하기

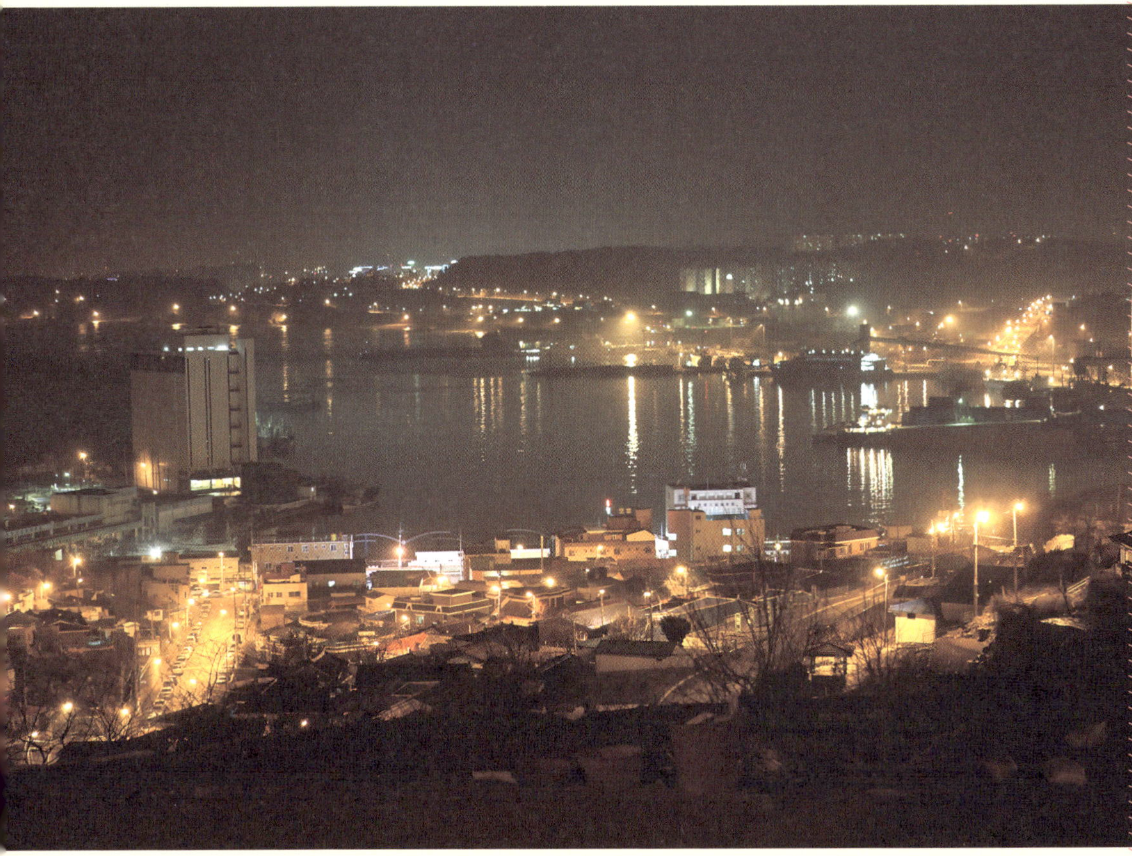

여행을 할 때 참 어려운 것 중 하나가 숙소입니다. 물론 여행은 즐거운 일이지만 집을 떠난 하루는 피곤하기 마련이죠. 저녁시간쯤 되면 집처럼 포근하고 안락한 잠자리가 그리워지는데요. 그래서 누구나 잠자리만큼은 이래야 한다는 나름의 견해가 있습니다.

여기, 숙소 때문에 가족여행을 떠나지 못한다는 지인이 있습니다. 잠자리만큼은 깨끗하고 좋아야 한다는 입장이라 제대로 된 숙소가 예약되지 않으면 떠나고 싶지 않다고 했습니다. 반면 남편은 즉흥적인 면이 있어 발길 닿는 대로 다니다가 눈에 띄고 마음에 드는 곳이 있으면 묵고 싶어 한다고 합니다.

며칠 전부터 인터넷을 뒤지고 숙소 사이트를 방문하고, 시설은 어찌 되는지 방안의 비품은 무엇이 있는지 확인하고 전화문의도 하는 지인 입장에서 남편이 정말 이해가 안 된다고 했습니다. 남편 역시 불만입니다. 즐거워야 할 여행이 준비단계부터 삐걱대다가 숙소 때문에 결국 의견 다툼으로 이어지고, 결국은 출발도 못 한 채 맘만 상한 적이 한두 번이 아니라고요.

숙소문제는 참으로 민감한 문제입니다. 어떤 가족은 의견이 잘 맞지만 어떤 가족은 그렇지 못하니까요. 저희는 의견조율이 잘 되는 편입니다. 아니, 의견조율이 잘 된다기보다 여행에 대한 취향과 우선순위에서 숙소의 비중이 크지 않다는 표현이 맞겠네요. 반면 앞서 얘기한 지인은 '내가 원하는 숙소'가 여행 결정에 있어서 상당히 높은 순위를 차지하고, 절대 양보 못 할 부분인 것이지요.

우리 가족은 숙소를 미리 정하고 가는 일이 적습니다. 그리고 펜션은 선호하지 않습니다. 이유는 여럿인데 비용 면에서 부담이 크다는 것이 그중 한가지입니다. 일반적인 펜션의 경우 비수기 주중 7~8만원, 주말 15~20만 원 정도이니 여행경비에서 차지하는 비중이 큽니다.

또 다른 이유는 위치입니다. 펜션은 대부분 경관이 좋은 산속이나 계곡 혹은 교외에 있습니다. 취사도구가 마련되어 있기에 요리재료를 준비해가서 여유 있게 경치를 즐기며 머문다면 좋겠지요. 하지만 우리 가족은 숙소에 머무는 것보다 돌아다니는 것을 좋아하고, 같은 비용이면 숙소보다 맛있는 음식을 먹는 것에 더 후한 점수를 줍니다. 또 얽매이는 동선을 좋아하지 않습니다. 펜션을 예약하면 반드시 그곳에 가야 하니 앞과 뒤의 동선에 제약이 많습니다. 한밤중에 산골짝을 찾아가는 것도 부담스럽고요. 그저 달리다가 피곤해지면 가깝고 맘에 드는 숙소를 찾아가는 것이 우리 가족 스타일이죠.

그러다 보니 대부분 모텔을 찾게 됩니다. '아이들을 데리고 모텔에 간다고?' 하며 의아해 하시는 분들도 있습니다. 보통 사람들에게 모텔의 이미지가 그리 좋지만은 않으니까요. 우리나라의 숙박업소를 보면 특급호텔, 관광호텔 등의 호텔이 있는데 가격이 부담스럽고 시설에 비해 가격이 합리적이지 않은 곳이 제법 있습니다. 콘도 또한 회원권이나 성수기 예산상황 등을 고려하면 편하지가 않고요. 그다음은 펜션, 모텔, 민박, 여인숙들이 있는데요. 민박은 아이와의 여행에서 세면시설과 샤워시설이 불편하더군요.

모텔의 경우, 요즘은 종류가 다양해졌고 가족 여행객들이 늘면서 가족 취향에 맞추어 시설을 정비한 곳이 많습니다. 특히 1층을 한실이나 가족실로 마련한 곳이 있습니다. 숙소를 구할 때는 주차를 하고 아빠가 먼저 프론트에 가서 아이 둘에 어른 둘의 가족이라고 설명을 한 후 방을 보자고 하세요. 그리고 가격과 내부시설, 위치 등을 고려해 머물지를 결정합니다.

그다음 짐을 들고 들어가죠. 들어가자마자 저는 TV의 전원 코드를 뽑습니다. 소중한 가족여행의 시간을 TV에 빼앗기는 것이 아깝고, 당황스럽거나 불필요한 방송(?)을 볼 이유도 없기 때문이죠. 세상 돌아가는 이야기는 스마트폰에서도 쉽게 알 수 있으니, 그 시간 가족들과 그날 여행에 대해 이야기를 더 나눠보세요.

모텔은 냉온수기와 TV, 에어컨, 인터넷 등이 가능하고 따뜻한 욕조에서 아이들과 물놀이로 피로를 풀기에도 좋습니다. 물론 가기 전에 한국관광공사 등 공공기관에서 인증한 '굿 스테이' 같은 곳을 찾아보고, 지자체 홈페이지에서 소개한 장소, 네티즌들이 좋다고 추천하는 숙소도 미리 살펴보면 더욱 좋겠지요. 의외로 저렴하고 시설도 마음에 드는 숙소가 많이 있습니다.

MOM's Travel Tip

아이와 함께 가기 좋은 숙소

하나. 굿 스테이

굿 스테이는 한국관광공사가 깨끗하고 친절한 숙소로 인증한 우수 숙박업소를 말한다. 굿 스테이 인증을 받기 위해서는 여러 차례의 실사와 손님을 가장한 블라인드 테스트를 거쳐야 하는데, 객실의 청결도뿐만 아니라 친절도까지 고려한다. 가격 또한 비수기와 성수기 관계없이 일정해야 한다. www.goodstay.or.kr

둘. 베니키아 호텔

베니키아는 한국형 비지니스호텔 체인 브랜드로 '베스트 나이트 인 코리아(BENIKEA=Best Night in Korea)'의 머리글자를 조합하여 만든 이름이다. 역시 한국관광공사에서 인증하며 굿 스테이보다 한 등급 높다. www.benikea.com

셋. 한옥스테이

역시 한국관광공사에서 한옥 체험 숙박업소를 대상으로 친절성, 고객서비스, 시설 편의성, 안정성, 청결도, 전통체험 프로그램 등을 심사한 후, 우수업체를 선정하고 인증한 한옥 숙소다. www.hanokstay.or.kr

13
TRAVEL

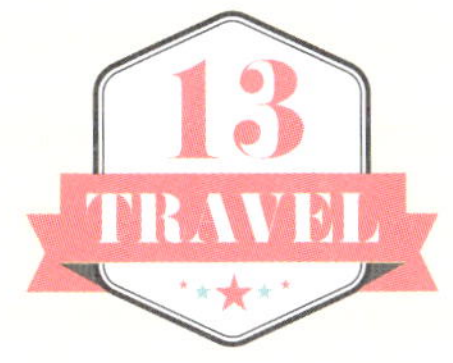

아이와 함께 떠나는 여행, 짐은 어떻게 싸나요?

여행 짐 싸기

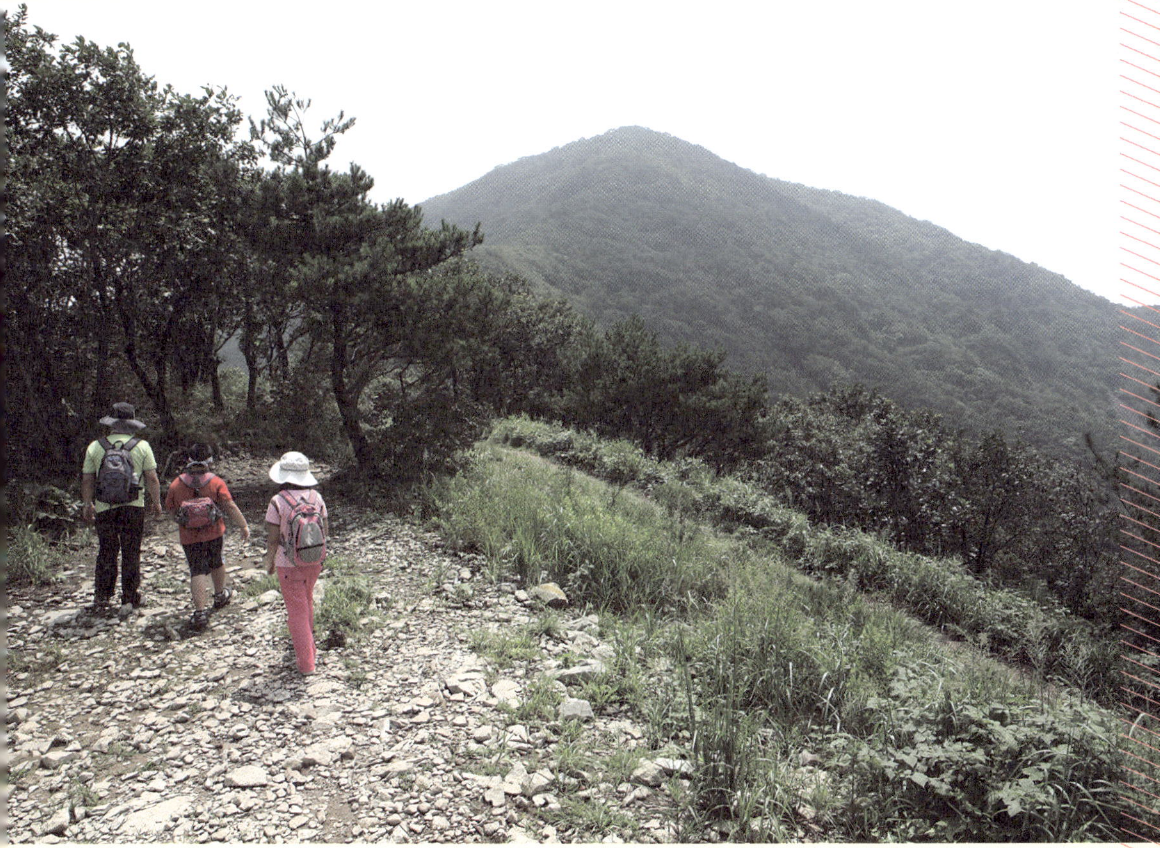

새벽 일찍 여행을 떠나게 되어 잠자는 아이를 담요로 둘둘 싸 안고는 차에 탔습니다. 아이는 여행 가는지도 모른 채 새근새근 잘 자더군요. 차로 몇 시간을 달려 목적지에 도착했습니다. 날이 밝았고 아이도 잠에서 깨어 활짝 웃습니다. 그런데 차에서 내리려고 보니 아뿔싸, 아이의 신발이 없는 겁니다. 그저 아이만 달랑 담요에 싸 안고 오느라 신발을 깜빡했지 뭡니까.

아이와 여행을 떠날 때 짐 싸기! 무엇부터 어떻게 싸야 할까요? 여행을 가기 전 엄마들의 최대 고민거리 중 하나가 바로 짐 싸기입니다. 꼼꼼하게 싼 것 같아도 떠나보면 뭔가 빠져 있고, 정작 필요한 건 생각지 못하기 일쑤이고요. 그래서 지난 여행을 돌아보며 나름의 짐 싸기 요령을 정리해봅니다.

우선 여행 짐 싸기는 여행기간과 가족 수에 따라 달라집니다. 당일여행이나 1박 2일 정도의 여행은 고민스럽지 않지만, 이틀이 넘어가면 머리가 아파집니다. 게다가 아이들과의 여름휴가는 물놀이 용품과 간식 등으로 짐이 엄청나게 늘어납니다. 아이가 어릴수록 짐이 많지요. 기저귀와 우윳병만 해도 한 짐이니까요.

아무튼 저의 짐 싸기 기본 원칙은 '각자 자기 짐 챙기기'입니다. 우선 각각 가방 하나씩을 등에 메어 줍니다. 아이가 걸음마를 할 때부터 작은 가방에 여벌옷 한 벌과 간식, 우유, 기저귀 등을 넣어주어 자기 물건은 자기가 가지고 다니게 했습니다. 여름철엔 아이들이 옷 갈아입을 일이 많이 생기는데, 이렇게 하면 엄마 짐과 섞이지 않아 좋습니다. 습관이 되면 아이도 엄마도 편해집니다.

조금 커서는 작은 장난감, 과자, 색종이 등을 아이 스스로 가지고 다녔습니다. 과자는 부서지지 않는 것이 좋습니다. 이후 학습지나 소설책, MP3, 핸드폰 등으로 가방에 들어갈 물건이 서서히 바뀌더군요.

다음은 옷가방입니다. 옷가방은 엄마 몫인데요. 2일 이상 여행에 4인 가족의 옷을 챙기면 아이들 옷가방과 어른 옷가방으로 두 개가 됩니다. 그 외에 카메라나 다른 물건을 넣는 각자의 가방이 있으니 짐의 개수가 많아지지요.

그렇다면 옷가방은 어떻게 꾸려야 할까요? 어릴 때는 옷가방이라고 해도 부피가 작았는데 아이들이 자라고 여행일정이 길어지면, 아이 어른으로 나누던 옷가방을 날짜별로 구분하는 것이 좋습니다. 제1일, 제2일, 제3일 하는 식이나 제1~2일, 제3~4일 하는 식으로요. 어른 두 명에 아이 두 명, 합이 네 명의 옷가방을 한꺼번에 싸면 부피가 크고 또 매번 숙소로 가져갔다 가져오는 불편함에 힘이 들거든요.

짐은 각각 소포장하면 편리한데요. 아이들이 목욕하고 갈아입을 속옷 세트는 작은 비닐 팩에 넣고 하루치의 옷은 지퍼 팩 등 한 번 사용할 분량으로 나누어 정리해 담으면 좋습니다. 참, 여분의 봉투도 챙겨야지요, 빨래가 생기면 담아야 하니까요. 티셔츠나 바지 등은 가능한 한 돌돌 말아 부피를 줄이고, 칫솔은 일회용 장갑을 이용해 손가락 칸마다 칫솔을 하나씩 넣으면 칫솔모끼리 부딪치지 않고 깨끗하게 가지고 다닐 수 있습니다. 화장품이나 샴푸 등은 샘플로 받은 것을 챙기고, 손톱깎이나 면봉 등은 작지만 요긴하니 챙겨가는 것이 좋습니다.

큰 가방 안에는 돌돌 말 수 있는 천 가방이나 시장 가방을 넣어두세요. 급히 물건을 담을 일이 생길 때 유용해요. 특히 아이랑 갈 때는 더하지요. 마지막으로 하루이틀 전부터 여행가방을 한 쪽에 펼쳐두고 가져갈 물건이 보이거나 생각날 때마다 여행가방에 던져두세요. 여행 전날 체크리스트와 함께 최종 정리하면, 깜빡하고 빠뜨리는 물건을 줄일 수 있습니다.

MOM's Travel Tip

여행 짐 챙기기 요령

하나. 자기 짐은 자기가 챙긴다
아이들도 각자 가방을 하나씩 메게 하고 자신의 짐을 넣어가도록 하는 게 좋다.

둘. 세면도구나 속옷은 소포장한다
칫솔은 일회용 장갑 칸칸에 끼워서 가져가면 깨끗하게 보관할 수 있다. 갈아입을 속옷 세트는 하루 치씩 소포장하여 비닐 팩에 넣어 가져간다.

셋. 옷가방은 날짜별로 챙긴다
아이가 어리면 어른 옷가방, 아이 옷가방 하는 식으로 싸도 되지만, 아이가 커서 짐의 부피도 커지면 날짜별로 옷을 구분하여 짐을 싸는 것이 좋다. 가능한 한 옷은 돌돌 말아 넣고, 구김이 적은 것을 가져간다.

14
TRAVEL

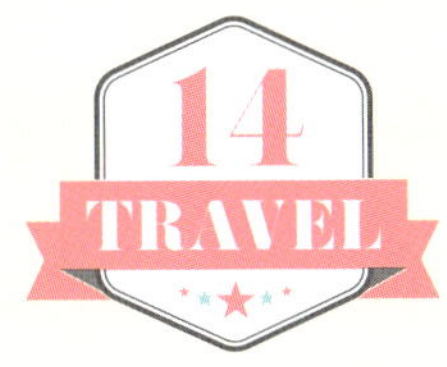

지루한 차 안에서 아이와 무엇을 하면 좋을까요?

이동시간 놀이

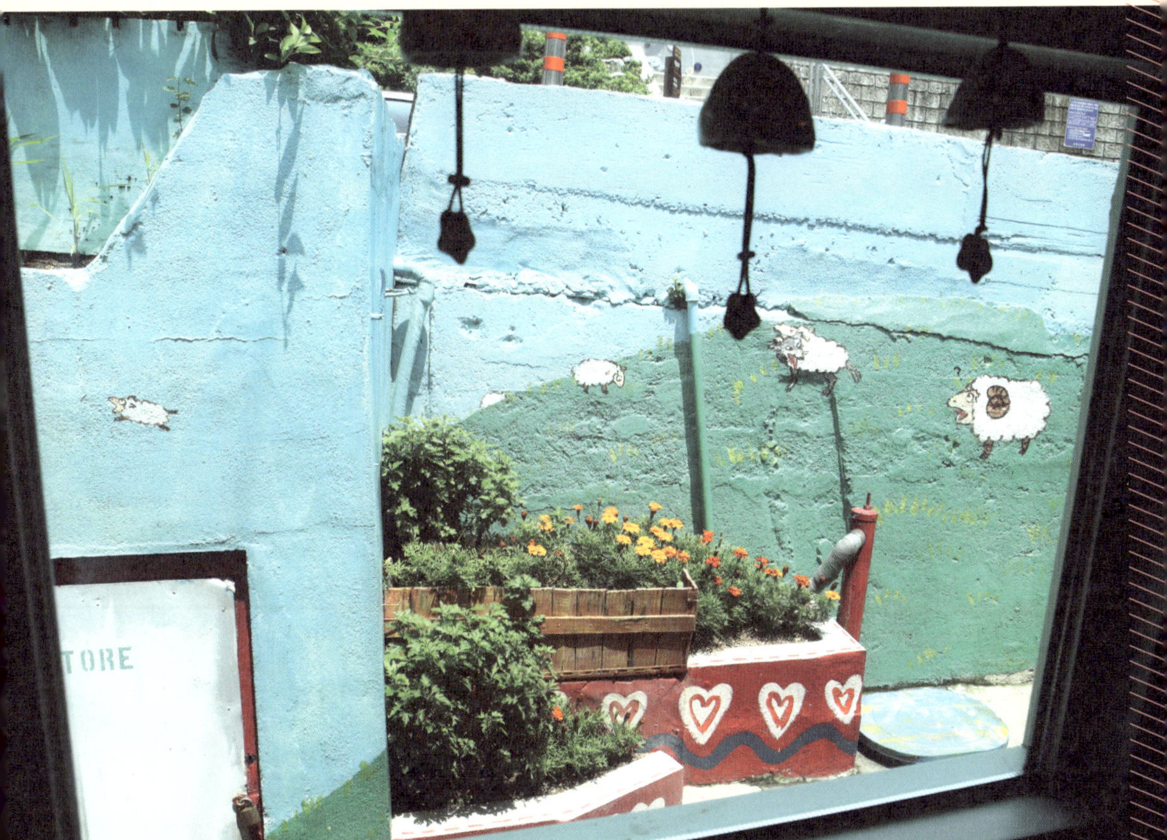

목적지는 아직 한참이나 남았는데 아이들이 지루해 몸을 비비 꼽니다. 아이가 어릴 때는 이동하는 차 안에서 자는 시간이 많았는데, 자라면서는 점점 줄어듭니다. 초등학교 고학년이 되면 차 안에서 아예 잠을 안 잡니다. 어른들도 힘들어하는 지루한 차 안에서의 이동시간, 아이들과 무엇을 하면 좋을까요?

아이들의 취향이 각각 다르기에 이렇다 할 정답은 없습니다. 아이들이 흥미로워하는 것들을 제시할 뿐이지요. 단, 하나 원칙이 있다면 휴대폰이나 노트북 등 전자기기를 이용하는 것은 가능한 피하자는 것입니다. 눈이 나빠지는 건 당연하고, 온 가족이 함께하며 무언가 나누고 교감하기 좋은 순간인데 시간이 아깝기 때문입니다.

아이가 어리면 동요 같은 음악을 들려줍니다. 잠이 깨면 신나는 동요를, 잠이 들려 하면 자장가처럼 느리고 리듬이 늘어지는 음악으로 잠들기를 도와주세요. 조금 크면 클레이 같은 것을 손에 쥐어 줍니다. 손을 조물조물 움직이며 놀게 하는 것이지요. 아이들의 소근육 발달과 두뇌 자극에 도움이 됩니다. 누르거나 만지거나 건드리면 소리가 나는 동화책도 좋고요.

제 딸의 경우 조금 더 자란 후에는 색종이가 참 좋았습니다. 부피가 작으면서도 색종이를 이용해서 할 수 있는 것들이 아주 많으니까요. 시중에 다양한 색종이 접기 책이 나와 있으니 단계별로 응용하면서 아이와 함께 해보세요. 색종이 놀이는 이동 중 차 안에서뿐만 아니라 식당이나 숙소 같은 곳에서 무언가를 기다려야 할 때를 비롯해 언제든 할 수 있고, 장소와 상관없이 협소한 공간에서도 지루하지 않게 시간을 보낼 수 있으니 참으로 매력적입니다. 해서 여행을 갈 때면 언제 어디서나 색종이는 떨어지지 않게 했습니다. 만약 색종이가 없으면 신문지나 전단지, 잡지로도 대체할 수 있습니다.

아이들과 온 가족이 돌아가면서 '수 세기'를 해도 좋습니다. 짝수만 세기, 홀수만 세기, 혹은 두 개 건너뛰며 세기 등 수 세기는 매우 흥미로운 놀이로 수리 영역 활동에도 도움이 됩니다. 아이가 조금 더 자라 구구단을 배울 때라면 구구단을 함께 외우는 것도 좋습니다. 또 차 안에서 '끝말잇기'도 좋습니다. 아이들이 어떤 단어를 알고 있고 또 어떤 것에 관심이 있는지 끝말잇기를 통해서 알 수 있어요. 물론 어휘력 발달에도 좋고요. 끝말잇기와 더불어 '수수께끼'도 즐겁습니다. 당연히 어휘력과 사고력, 추리력 향상에 도움이 되지요.

'동화 이어가기' 또한 적극 추천합니다. 방법은 간단합니다. 아이가 알고 있는 동화로 이야기를 시작합니다. 그리고는 그 이야기에 한 문장 혹은 두 문장으로 이야기를 붙이는 것이지요. 다음 사람은 그 이야기에 또 이야기를 붙입니다. 이야기는 갈수록 예측 불허이고 황당하게 전개되지만 흥미진진합니다. 글쓰기는 물론이고 아이의 사고 확장에도 도움이 됩니다.

이번에는 준비가 좀 필요한 방법 하나를 알려드립니다. 가족 모두 각자 좋아하는 음악을 준비해보세요. 돌아가며 음악을 들려주고 각자 음악 해설사가 되는 것입니다. 이 음악이 왜 좋은지, 어떤 부분이 마음에 드는지, 이유를 애기합니다. 할 이야기는 많지요. 언제 처음 접했는지, 연관되는 노래는 무엇인지 등등. 엄마 아빠도 적극 참여하면서 여행 중 이동시간을 알차게 활용해보세요.

소개한 놀이들은 모두 평상시에 따로 시간을 내기 부담스러운 것들일 수 있습니다. 이동시간을 활용하면 집중도 잘 되고 아이들이 지루해 하지도 않아 일석이조입니다.

이동할 때 아이와 하기 좋은 놀이

하나. 수 세기

아이들의 수리영역 발달에 도움을 줍니다.

둘. 끝말잇기

아이들의 어휘력, 순발력 향상에 도움을 줍니다.

셋. 색종이 접기

아이들의 소근육 발달과 컬러 감각 발달에 도움을 줍니다.

넷. 동화 이어가기

아이들의 상상력과 창의력 향상에 도움을 줍니다.

다섯. 음악 해설사 놀이

아이들의 리듬감과 감성, 의사표현 능력 향상에 도움을 줍니다.

여섯. 수수께끼

아이들의 추리력과 사고력 향상에 도움을 줍니다.

15
TRAVEL

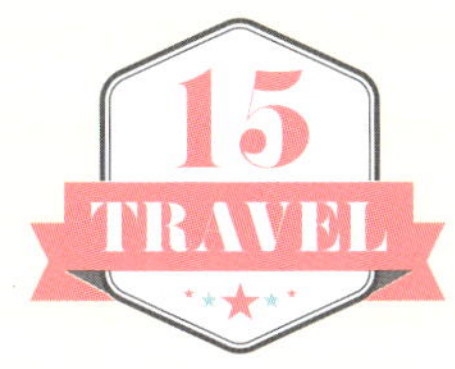

여행할 때 아이들과 무슨 얘기를 해야 할까요?

여행대화법

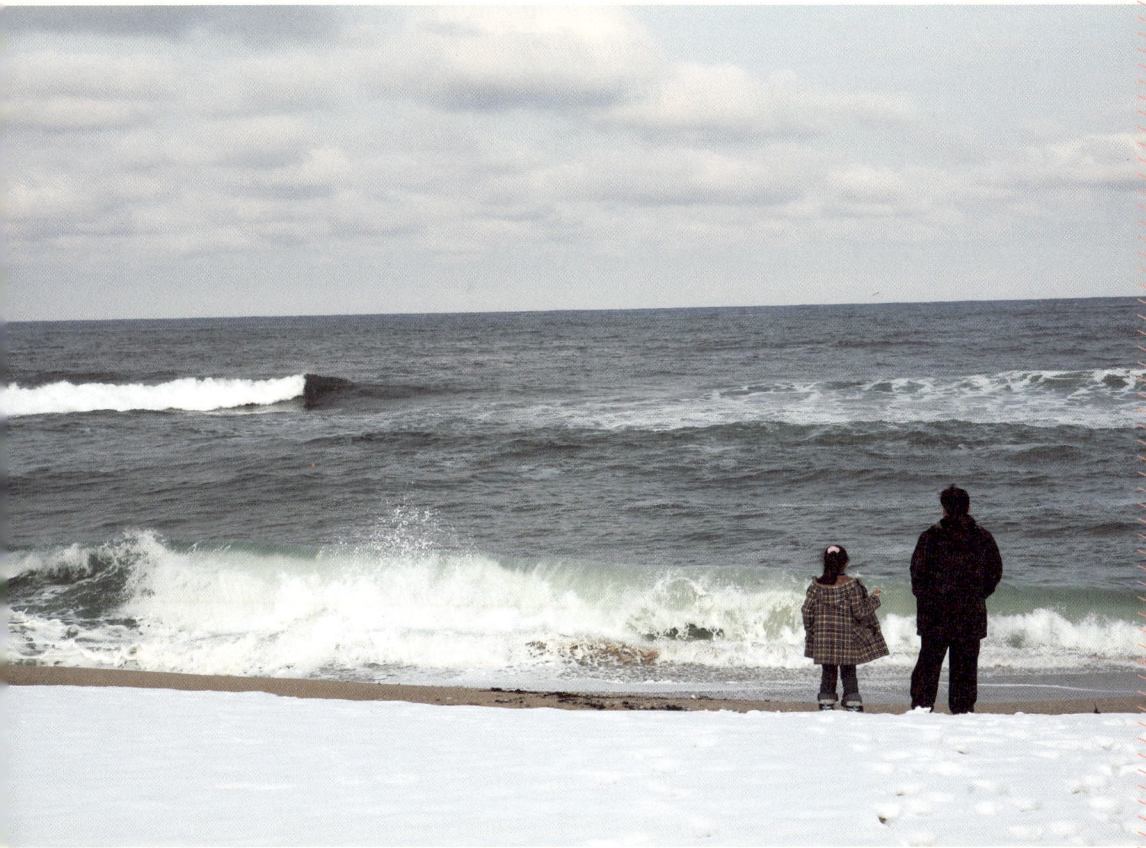

"아이들과 여행을 할 때는 무슨 얘기를 하나요?"

가끔씩 듣는 질문입니다. 글쎄요. 무슨 이야기를 할까요? 어떤 이야기를 해야 할까요? 여행의 대화에 대해 고민을 해보았습니다. 가장 좋은 방법은 탁구 치듯 이야기하는 것이었습니다. 여행을 떠나면 마음이 풀어지고 마음의 문을 열게 되는 것이니, 이때 탁구를 치듯 가볍게 주고받으며 이런저런 이야기를 해보세요.

가끔씩 여행지에서 부모님들이 아이들과 이야기하거나 질문하는 것을 살펴봅니다. 부모님들은 대개 공부에 도움이 될 것 같으면 답을 하고, 아니면 못 들은 척합니다. 물론 저도 그럴 때가 있습니다만, 이건 그리 좋은 태도가 아닙니다. 어떤 이야기든, 어떤 질문이든, 성의껏 대답하는 것이 무척 중요해요.

혹시 '예시바'를 아시나요? 예시바(Yeshivah)는 유대인들의 전통적인 학습기관입니다. 우리식으로 말하면 도서관인 셈입니다. 어디에 살든 유태인들이 사는 곳이면 어김없이 예시바가 존재합니다. 전통 도서관 예시바에서 유대인들은 〈탈무드〉를 비롯해 여러 가지 책을 학습하며 연구하고 배웁니다. 역사상 유대인이 사는 곳에는 항상 예시바가 있었습니다.

그런데 이 유대인 도서관 예시바의 풍경이 참으로 특이합니다. 예시바에 들어서면 마치 선술집에라도 온 것처럼 매우 시끄럽습니다. 도서관 좌석에 앉아 있는 사람들이 모두 목소리를 높여 떠듭니다. 대부분의 사람들이 책상 위에 책을 산더미처럼 쌓아두고 상대방과 이야기를 나눕니다. 어떤 이는 자리를 옮겨 다니며 수다를 떱니다. 모두가 숨죽이며 책에 코를 박고 공부하는 우리의 도서관과는 사뭇 다른 풍경이지요.

책상과 의자 구조도 특이합니다. 둘 이상의 좌석이 모두 마주보도록 놓여 있습니다. 누구라도 혼자서 조용히 공부할 수 없도록 되어 있지요. 이처럼 예시바는 혼자 하는 공부보다 토론을 중시하는 유대인의 공부 스타일이 그대로 반영되어 있는 도서관입니다. 이곳에서 유대인들은 책을 읽고, 그 책에 대해 서로에게 질문을 던지고 대답을 합니다. 사소한 주제에서부터 심각한 쟁점에 이르기까지 대화와 토론은 계속됩니다.

서로 모르는 사람들끼리도 치열하게 얘기하고 논쟁하고 상대를 바꿔가며 지속적으로 토론을 벌입니다. 나이와 지위도 상관하지 않습니다. 유대인에게 공부는 책을 읽는 것이 아니라 다른 사람과 의견을 나누고 소통하는 것입니다. 그런 과정을 통해 자신의 의견을 발전시키고 책의 의미를 더 깊이 파악할 수 있습니다. 책이란 토론을 위한 매개일 뿐 무조건 받아들여야 하는 지식이 아닙니다. 그들은 관계 속에서 생각을 나누고 소통을 통해 배움을 확장시켜 나아갑니다. 유대인들에게 '공부'란 '상호소통'의 다른 표현입니다.

전 세계 유대인은 1,700만, 우리나라 인구의 절반도 안 됩니다. 세계 인구비율로 따지면 고작 0.2퍼센트에 불과하죠. 하지만 유대인은 역대 노벨상 수상자의 23퍼센트나 됩니다. 미국 인구의 2퍼센트에 지나지 않지만 하버드와 예일대 등 아이비리그 학생의 30퍼센트, 미국 억만장자의 40퍼센트를 차지하고 있습니다.

이러한 유대인의 힘은 과연 어디에서 나오는 걸까요? 백여 년 전 미국으로 이주해 가난한 노동자로 시작한 유대인들이 오늘날 미국의 지도자, 세계의 지도자로 성장하게 된 비결, 어쩌면 세상에서 가장 시끄러운 도서관에서 비롯된

것이 아닌가 하는 생각이 듭니다.

〈탈무드〉를 만들어낸 유대민족의 가장 큰 특징은 어려서부터 질문을 강조한다는 것입니다. 그 점이 잘 표출된 공간이 바로 예시바인 것이죠. 놀랍게도 그들에게 질문이란 일상적인 것이었고, 나와 다른 의견을 듣는 것은 당연한 일이었습니다. 그런 과정을 통해 자신을 다듬는 일들이 이어져 지금의 유대인을 만들어냈습니다. 흔히들 말하는 암기식 교육이 아니라 토론식 교육의 결과를 보여주는 사례입니다.

여행을 할 때 토론은 보다 자유롭습니다. 그리고 그 소재는 여기저기서 제공됩니다. 집 안에 있으면 보이는 것과 상황이 한정되지만, 여행을 떠나면 이야기가 완전히 달라집니다. 끝없이 제공되는 풍경과 사람과 상황 속에서 아이들의 궁금증은 무궁무진합니다. 그래서 이런저런 이야기를 나누는 것이 더욱 자연스러워집니다. 여행이 곧 움직이는 예시바가 되는 것이지요. 아이들과 여행을 할 때 소재와 내용에 상관없이 탁구 치듯 열심히 이야기를 주고받았으면 좋겠습니다. 그러는 사이 아이들의 머리가 자라고, 부모님이 바라는 공부 역시도 자연스럽게 될 테니까요

"가장 큰 정보는
무심코 주고받는 대화 속에 있다."
- 앤디 그로브(인텔 CEO) -

16
TRAVEL

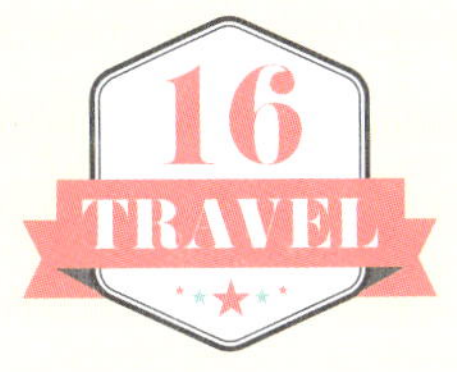

아이에게 돈으로 상과 벌을 대신해도 되나요?

여행 중 훈육하기

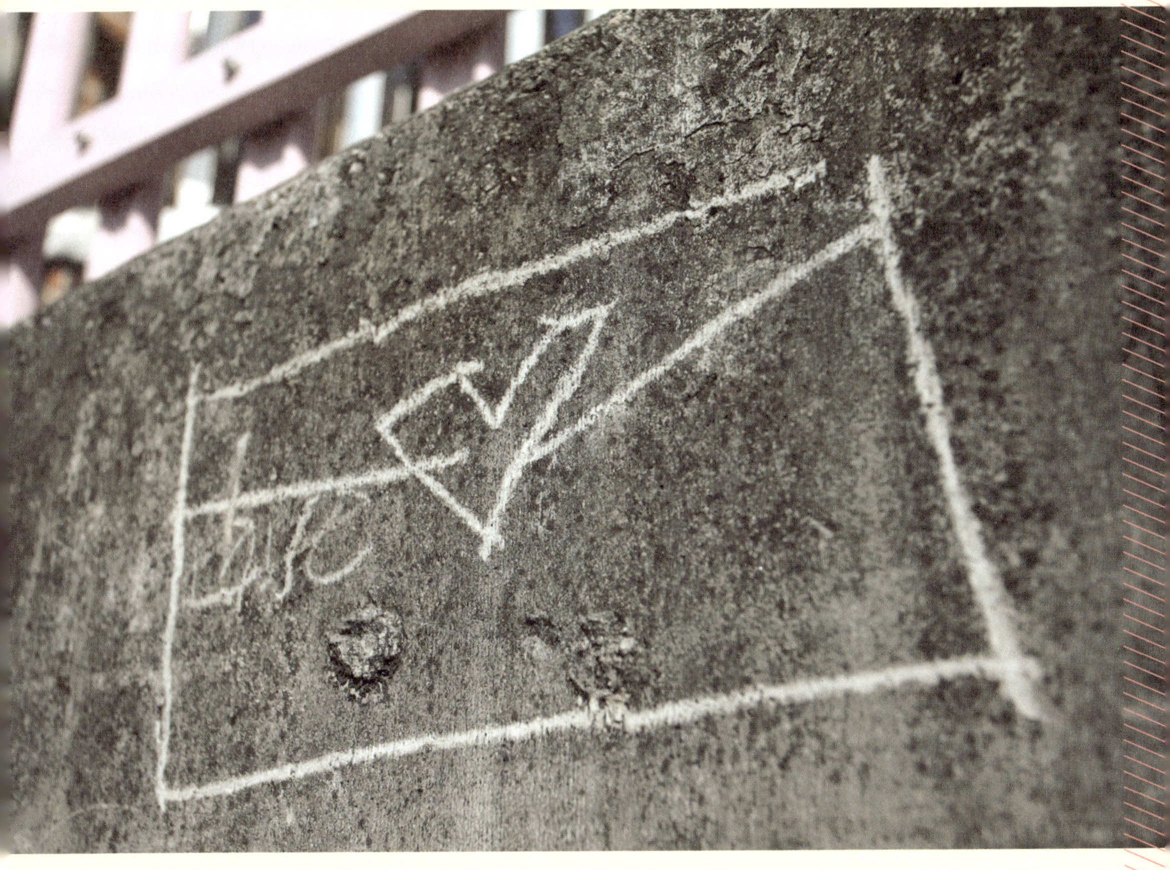

이스라엘 북부에 항구도시 하이파(Haifa)가 있습니다. 하이파에는 보육시설이 많은데 정해진 시간보다 아이를 늦게 찾으러 오는 부모들 때문에 골치가 아팠습니다. 경제학자들이 이곳에서 한 가지 실험을 했는데요. 아이를 찾아가는 시간에 늦는 '지각'에 대해 벌금을 매기는 '역(逆) 인센티브'를 시행한 것입니다. 무언가를 잘했을 때 그에 따른 보상을 '인센티브'라고 하는데, 반대로 잘못한 것에 패널티를 주어 벌금을 매기는 방식을 말하는 것이지요. 학자들은 보육시설 6곳을 무작위로 골라 부모가 10분 지각할 때마다 3달러의 벌금을 부과했습니다. 연구 비교를 위해 다른 보육시설에는 벌금을 부과하지 않았습니다.

교사와 학자들은 벌금제도 도입 후 부모들이 더 이상 지각하지 않을 것이라고 예상했습니다. 금전적 불이익이 지각을 줄여줄 것이라는 믿음 때문이었습니다. 그런데 결과는 다르게 나타났습니다. 처음 2~3주는 주춤하다가 오히려 지각이 늘었습니다. 보육시설 한 곳당 일주일에 평균 8번 정도였던 지각이 2배로 증가한 것입니다.

14주 정도 상황을 지켜본 학자들은 이후 벌금제도를 폐지했습니다. 하지만 늦게 아이를 찾으러 오는 부모의 수는 벌금제도 도입 이전으로 줄지 않았습니다. 반면 아무런 변화를 주지 않았던 시설은 더 나빠지지도 좋아지지도 않았습니다. 시카고대학 교수인 스티븐 레빗의 《괴짜 경제학(Freakonomics)》에 나오는 이야기입니다.

하이파 실험을 했던 학자들은 결과 보고서에 '벌금은 가격이다(A Fine is a

Price)'라는 제목을 붙였습니다. 벌금이 지각을 정당화시켜 주는 도구로 여겨지게 됐음을 지적한 것입니다. 벌금제도 이전에 학부모들은 지각에 죄책감을 느꼈습니다. 하지만 벌금이라는 '경제적 인센티브'가 죄책감으로 대표되는 '도덕적 인센티브'를 대체해버렸죠.

일단 도입되자 벌금제를 폐기해도 이전 상태로 되돌릴 수 없었고, 벌금의 폐기는 지각에 대한 가격을 '0달러', 즉 '공짜'로 만들어버렸습니다. '하이파 실험'에서 보았듯이 잘못 설계한 인센티브 제도는 더 큰 부작용을 낳을 수 있습니다. 벌금을 도입해서 지각문제는 더 곪았고, 벌금을 폐지했는데도 지각하는 부모가 줄지 않았던 것처럼 말입니다.

여행길에서 많은 가족여행자들을 만납니다. 그렇다 보니 울고 떼쓰는 아이들과 투정을 부리는 아이들도 많이 봅니다. 하지만 여행을 통해 아이들이 놀고 먹고 또 배우기를 원하는 부모들은 짜놓은 동선대로 움직이면서 아이에게 당근과 채찍을 사용합니다. 이때 집 밖이고 다른 사람들과 함께 있는 공간이기에 빠르고 쉬운 방법으로 '돈'과 관련된 당근법을 많이 사용하지요.

"이것을 하면 천 원을 줄게!"

아이들은 돈을 받기 위해 '이것'을 합니다. 아이는 그 돈을 사용할 어떤 목적이 있어서 시키는 대로 열심히 하고 돈을 받지만 마음은 그곳에 없습니다. 받은 돈으로 하고 싶은 것이 충족되면 '이것'은 더 이상 소용이 없습니다. '이것'을 하지 않으면 돈을 줄인다 해도 아쉽지 않습니다.

하이파 실험에서처럼 아이의 도덕적 인센티브가 경제적 인센티브로 전환될 수 있다는 걸 기억하세요. 아주 위험한 일이죠. 그러니 여행할 때 아무리 급하고 정신없어도 '금전'으로 아이의 마음을 움직일 생각은 안 하는 것이 좋습니다. 하이파 실험을 되뇌면서 말입니다.

돈으로 대신하는 상과 벌의 효과

하나. '성적 올리면 용돈 올려줄게'

아이에게 성적을 올리는 것이 자신의 실력을 쌓는 일이 아니라, 용돈을 올려받는 수단이 될 수 있다. 용돈이 필요하지 않으면 공부를 하지 않아도 되고, 할 필요도 없다는 결론으로 이어지기 때문이다. 본연의 뜻과 의미가 호도되어 '돈 받지 않아도 되니 공부를 강요하지 마라' 하는 생각을 갖게 되는 것이다. 따라서 성적, 입선, 당선 등을 용돈 혹은 상금 등의 금전적인 방법으로 거래해서는 안 된다. 장난감도 마찬가지다. 이번에 "피아노 대회에서 1등 하면 변신로봇 장난감을 사줄게."라고 했을 때, 장난감을 포기하면 피아노를 게을리 해도 되는, 혹은 노력하지 않아도 되는 정당성을 부여하게 된다.

둘. '학교 지각하면 벌금 500원!'

지각을 해도 벌금을 내기만 하면 면죄부가 되기 때문에 아이는 지각이라는 잘못이 없어져 버리는 것이라 생각할 수 있다. '까짓것, 500원 내면 되지.' 하는 생각이 반복되면 지각 혹은 약속에 대한 도덕적 해이가 당연해진다.

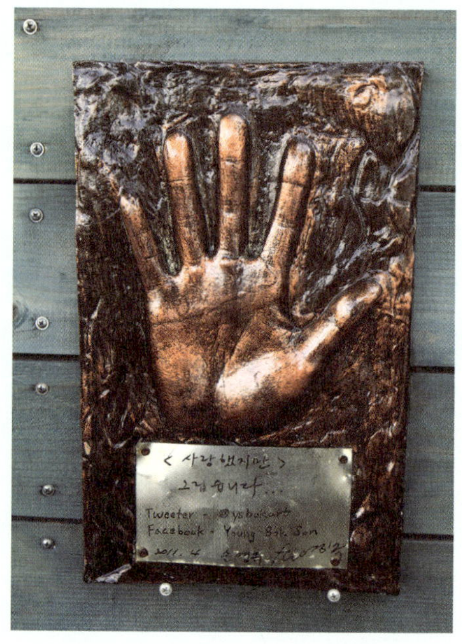

여행 후 정리는
어떻게 해야 할까요?

여행정리법

아이들과 핸드폰. 부모님들이 무척 싫어하는 조합입니다. 저도 아이들과 핸드폰 때문에 실랑이를 많이 합니다. 이동하는 차 안에서 핸드폰을 하는 것도 싫고, 멋진 곳을 구경하면서 이야기를 하고 싶은데 핸드폰이란 놈이 부모 자식 간의 사이를 갈라놓으니까요.

어떻게 해야 할까요? 아이들은 핸드폰을 좋아하고, 부모들은 아이들이 핸드폰을 가지고 노는 것을 싫어하고. '세상에 자식 이기는 부모 없다' 했습니다. 차라리 핸드폰으로 무언가를 할 수 있도록 유도하는 것이 현명하지 않을까요?

여행길에서 만나는 가장 흔한 풍경이 핸드폰으로 사진을 찍는 모습이지요. 흔히 인증 샷이라 하여 셀카를 찍거나 멋진 풍경, 맛난 음식들을 찍어서 페이스북이나 카카오스토리 등의 SNS에 올립니다. 아이들도 스마트폰을 가지고 있기에 사진을 찍고 체험학습 숙제를 하곤 하지요. 이를 아이들과 함께하는 여행에 응용해볼까요?

하나, 핸드폰으로 사진을 찍습니다!

기왕 찍는 사진, 핸드폰으로 예쁘게 찍어보세요. 사진 예쁘게 찍는 방법은 인터넷을 검색하면 많이 나오니 어렵지 않습니다. 예전의 필름 카메라처럼 비용이 많이 발생하지 않으니 부담도 없습니다. 물론 디지털 카메라도 마찬가지죠.

둘, 찍은 사진을 컴퓨터에 옮겨 출력합니다!

핸드폰 혹은 디지털 카메라의 사진을 컴퓨터에 옮긴 후 인쇄를 해보세요. 인쇄방식을 선택할 수 있는데 A4 종이에 1장, 2장, 4장, 9장, 35장 등으로 사진을 인쇄할 수 있습니다. 어릴수록 크게 인쇄하고 고학년이 될수록 크기를 줄이면 좋습니다.

셋, 사진을 낱개로 자릅니다!

사진을 가위로 잘라보세요. 아이들의 소근육 발달에 아주 좋아요. 게다가 유치원생이나 초등학교 저학년 아이들은 가위질을 아주 즐거워합니다.

넷, '사진 나누기 놀이'를 합니다!

이제부터 자른 사진을 아이들과 테마별로 나누는 놀이를 해보세요. 연령이 어리다면 먹는 것, 타는 것, 입는 것, 이런 식으로 사진 나누기를 합니다. 자동차, 기차, 배, 전철 등은 탈것이고 맛집부터 휴게소 간식까지 먹을 것은 아주 많습니다. 산에 갔다면 산딸기도 먹을 것이겠지요.

한글을 쓸 줄 안다면 스케치북에 구분한 사진들을 붙이고 사진 밑에 설명을 써 넣어보세요. 아이가 조금 더 크면 아이와 이야기를 하며 세분화된 기준을 잡는 것도 좋아요. 꽃, 집, 사람 등의 사물이 일차적인 분류이고 과학, 음악, 춤 등으로 아이의 눈높이에 맞춰서 기준을 만들어 보세요.

사진 나누기 놀이를 하다 보니 연상되는 것이 있습니다. 바로 우표수집입니다. 우표수집을 하는 사람들을 '우취가(Philatelist)'라 하는데 미국 제32대 대통령인 루즈벨트(Franklin Delano Roosevelt, 1882-1945)가 소문난 우취가였죠. "학교에서 배운 이론보다 우표수집으로 얻은 것이 더 많다."고 할 정도로 유명한 우표수집 광이었습니다. 한 나라의 대통령이 푹 빠질 정도로 우표수집은 매력적입니다. 우표에는 동서고금의 생활과 자연, 세계 역사가 살아 숨쉽니다. 이를 모으고 감상하다 보니 절로 지식과 상식이 쌓였던 거죠.

분량이 많아지면 자신만의 기준으로 정리하게 되고, 취향이 생기면 테마 우표 수집가가 됩니다. 우표 하나하나에 담긴 이야기와 분류는 생각의 깊이를 확

장하는 데 아주 좋습니다. 해서 청소년기에 우표를 수집하면 정서적으로 안정이 되고, 자신을 사랑하게 만들어주며, 이를 통해 세상을 더욱 잘 알게 된다 합니다. 학교에서 철학, 과학, 음악 등의 학문을 배우는데 세상의 이치와 지식들을 과학, 음악, 철학 등으로 분류하는 것이죠. 그러니 여행을 통해 본 것들을 세상의 분류방법, 혹은 나름의 코드로 정리하는 것은 매우 값진 생각입니다.

다섯, 사진으로 숙제를 합니다!

핸드폰이나 디지털 카메라로 찍은 사진을 출력해 일기 쓰기나 숙제를 하면 좋겠습니다. 글로 된 일기나 보고서는 쓰기 싫어해도 사진을 이렇게 저렇게 붙이는 건 재미있어 할 겁니다. 유아라면 사진을 순서대로 배열해보는 것만으로도 기억력 발달에 도움이 됩니다. 한 장소에서 다음 장소로 이동할 때 선을 긋고 그 위에 자동차나 기차 등을 그려 넣으면 그림으로 간단히 설명이 되겠죠. 초등학생이라면 지도 위에 방문했던 장소를 찾아 밥 먹은 곳은 동그라미, 방문했던 곳은 별표, 잠을 잔 곳은 세모 등으로 붙이고 선으로 이은 후 작은 사진을 붙여 설명하는 방법도 있습니다. 고학년이 되고 나이가 들면 스스로 알아서 더 멋지고 다양한 방법을 시도하겠지요.

더 나아가 여행을 떠나기 전에 아이들에게 자신만의 테마를 정하게 해보세요. 그 테마를 생각하고 집중해서 사진을 찍으면 아이들 나름의 세계를 더욱 넓혀가는 데 큰 도움이 될 겁니다.

WITH
MOM

PART 2

아이와 떠나는
공부여행

여행지에서는
무엇을 봐야 하나요?

과학여행

강원도 영월은 물 맑고 산자락이 깊은 곳입니다. 관광객들이 방문할만한 명소들도 많이 있지요. 특히나 역사유적지가 많아 사람들이 자주 찾는데, 그중 손꼽히는 곳이 장릉과 청령포, 관풍헌 등입니다. 조선에서 가장 불행했던 임금, 단종(端宗, 재위 1452~1455)과 관련이 있습니다. 문종의 아들인 단종은 열두 살의 어린 나이에 왕위에 올랐으나 삼촌인 수양대군에게 쫓겨나 열다섯 살에 영월로 유배를 오게 되었지요.

영월로 들어가다 보면 고개가 하나 있는데 이름이 '소나기재'입니다. 지나가던 구름도 울고 넘었다 하여 붙여진 이름이죠. 소나기재를 넘으면 왼편으로 단종의 능인 장릉이 있고, 직진하면 영월 시내가 나오며, 시내에는 금부도사 왕방연이 가지고 온 사약을 받고 단종이 생을 마감했던 관풍헌이 있습니다. 직진하지 않고 우회전하면 청령포로 향하게 됩니다. 단종이 유배되었던 곳으로 삼면이 강으로 둘러싸여 있고, 한 면은 깎아지른 절벽으로, 배가 아니면 벗어날 수 없는 천혜의 감옥입니다.

영월을 찾는 사람들은 대부분 이곳 청령포를 방문합니다. 잠깐이지만 배를 타고 들어가야 하는 청령포는 영월의 이색적인 관광명소 일번지! 단종어소를 둘러보며 단종의 모형을 만나고, 6백 년 세월을 견디며 단종을 지켜보았다는 관음송 앞에서 사진을 찍고, 백성의 출입을 금하는 금표비를 보고, 또 망향탑에도 오르곤 합니다. 정말 역사여행지로 손색이 없습니다.

그런데 여행의 초점을 조금 바꾸어 볼까요? 아이들과 주변을 한 바퀴 돌아

보세요. 야생화를 살펴보고 망향탑에 올라 깎아지를 듯한 절벽과 그 아래 유유
히 흘러가는 서강, 그리고 서강 옆 모래사장에 텐트를 치고 망중한을 즐기는 사
람들을 구경해보세요. 그리고 청령포를 바라보며 아이에게 질문을 던져보세요.

“저기 강물 좀 보렴.”

“물이 어느 쪽에서 어느 쪽으로 흐르는 것 같아?”

청령포는 남한강 상류로 강의 지류인 서강(西江)이 휘돌아 흐릅니다. 강원도
영월 하면 모두들 동강(東江)을 떠올리는데 이곳은 서강입니다. 영월의 동쪽인
정선 쪽에서 흘러드는 강을 동강, 평창 주천 방향인 서쪽에서 흘러오는 강을
서강이라고 합니다. 두 개의 강이 영월 합수머리에서 만나 남한강의 상류가 되
지요.

청령포는 서강이 삼면을 둘러싸고, 나머지 한 곳은 육륙봉(六六峰)의 절벽이
솟아 있습니다. 해서 배 터에서 보면 청령포가 섬처럼 보여요. 조금 더 유심히
보면 물이 돌아 흐르는 바깥쪽은 절벽이고 안쪽은 모래사장입니다. 바깥쪽은
물의 흐름이 빨라져 흙이 깎여나가고, 안쪽은 유속이 약해져 반대로 흙이나 모
래가 쌓였습니다.

초등학교 과학시간에 아이는 ‘하천의 형성’에 대해 배우고 실험을 합니다. 먼
저 넓고 얇은 판에 모래를 깔고 기울여 경사지게 합니다. 주전자로 물을 흘리
면 물이 모래 사이를 지나며 물길이 생깁니다. 이는 비가 오면 계곡으로 모인
물이 평지를 지나며 하천이 형성되는 것과 같은 이치지요.

흐르던 물이 돌이나 다른 장애물을 만나면 방향을 틀어 진행합니다. 계속 진
행되면 직선에 가깝던 물줄기가 구불구불해지는데, 이를 사행천(meander, 蛇
行川)이라고 해요. 마치 뱀이 구불거리면서 지나가는 모양이라는 뜻입니다. 평
지의 늙은 강은 이런 모양이 많지요. 시간이 더 지나면 구불구불하던 강줄기의

구불거림이 아주 심해져서 이미 지난 물줄기의 굽이 근처까지 구불거립니다.
심하면 닿을 듯 말 듯 아주 가까워집니다. 영월 청령포가 바로 이런 곳입니다.
안동 하회마을, 영주 무섬마을, 예천 회룡포 또한 마찬가지이지요.

　흙이 깎이는 것을 침식, 쌓이는 것을 퇴적이라 하는데 이는 유속과 물길의
방향과 연관이 있으며, 눈에 보이듯 청령포의 안쪽은 퇴적, 바깥쪽은 침식작용
이 일어나고 있습니다. 그러니 영월 청령포에 가면 하천의 생성과 진행과정,
침식, 퇴적, 사행천 등 너무나 훌륭한 과학교재가 기다리고 있습니다. 그런데
대부분 단종이라는 역사적 사실에만 초점을 맞추고 아이들에게도 그것에만
관심을 집중시킵니다. 청령포가 과연 역사유적지이기만 할까요?

　여행지에서 설명서나 안내서에 있는 내용을 숙지하는 것도 좋지만, 다른 시
각으로 여행지를 바라보는 것 또한 필요합니다. 유치원 아이라면 물과 흙과 산

을 보여주고 물장난을 하며 즐거운 시간을 보내면 됩니다. 초등학교 저학년이라면 유속이 빠른 바깥쪽은 흙이 깎이고, 안쪽은 쌓이는 것까지만 보여주세요. 그리고 초등학교 고학년이 되면 침식과 퇴적, 그리고 사행천과 합수머리 등을 연관시켜 이야기하면 되겠지요. 다음번 영월 여행에서는 역사여행이 아닌, 과학여행을 떠나보세요.

MOM's Travel Tip

과학·지리학습 추천 여행지

하나. 삼척 동굴여행 추천 8~9세
삼척은 해돋이 명소로 많이 찾는 곳이지만 환선굴, 대금굴 등 동굴도 눈여겨볼 만하다. 실제 동굴을 방문하기 전, 삼척동굴엑스포전시관을 찾아 동굴신비관에서 동굴 공부를 하고 동굴탐험관에서 가상 체험을 해보면 더욱 좋다.

둘. 강릉 경포호 추천 5~7세
강릉은 해수욕장과 단오제로 유명한 곳이지만, 경포호수에 집중을 해도 좋다. 해안에 쌓이는 퇴적물과 사주로 인해 바다와 격리된 호수인 석호에 대해 공부하기 좋은 장소다.

셋. 서산 간월도 추천 5~8세
무학대사와 어리굴젓이 있는 여행지로만 생각하기 쉬운 간월도. 물이 빠지는 썰물이면 육지와 연결된 땅이고 물이 들어오는 밀물이면 섬이 되는 곳으로 조수간만의 차를 이해하기 좋다.

넷. 해남 공룡박물관 추천 4~6세
해남은 땅끝마을로 사람들이 한해를 마무리할 때 많이 찾는다. 그러나 이번엔 한반도가 공룡들의 놀이터였음을 증명하는 공룡 발자국을 보며 지층과 퇴적, 화석을 만나보자. uhangridinopia.haenam.go.kr

아이에게 문학적 감성을 키워주고 싶어요!

제가 초등학교를 다닐 땐 학교에 '동시반'이 있었습니다. 소나무와 꽃, 가족들의 이야기를 동시로 표현했지요. 중고등학교 때는 시를 외우는 숙제가 많았고, 대학을 다닐 때는 시집을 옆구리에 끼고 다녔으며, 친구들의 집에 가면 시집 한두 권쯤은 책꽂이에 꽂혀 있었습니다. 딱히 시를 좋아하는 것이 아니었는데도 말입니다. 그런데 요즘 우리 아이들은 시를 외거나 시를 써야 한다며 숙제하는 모습을 보지 못했습니다. 시를 외우고 좋아하는 것은 참으로 중요한 일인데도요.

그렇다면 '시'를 주제로 여행을 해보는 건 어떨까요? '섬진강 시인'이라 불리며 초등학교 교과서에 자주 등장하는 김용택 시인의 시는 아이들 눈높이 맞추기에 참 좋습니다. 기왕이면 섬진강에 매화꽃이 만발한 봄날이 좋겠지요.

섬진강변의 봄은 3월 중순부터입니다. 바람결에 꽃향기가 느껴지고 반짝이는 섬진강 위로 동동동 매화꽃이 떠오면 봄이 오는 거죠. '앞문을 열면 숭어가 뛰고, 뒷문을 열면 노루가 뛴다'는 섬진강 매화마을에 100만 그루의 매화나무가 꽃단장을 하면 새하얀 꽃 세상이 됩니다. 그림 같은 섬진강과 절묘한 조화를 이루며 한겨울 함박눈이 가지마다 달린 듯, 수백 가마 팝콘을 하늘에서 쏟아 붓듯, 송이송이 매화꽃이 황홀하기 그지없습니다.

그런데 아시나요? 매화꽃은 만개할 때보다 만개시기를 아주 조금 넘겼을 때가 더 아름답다는 것을요. 바람이라도 불라치면 바람결에 매화꽃잎이 흩날리며 봄날의 눈송이처럼 몽환적입니다.

"엄마, 봄에도 눈이 내려요!"

아이는 그렇게 소리를 지를지도 모릅니다. 그러면 감성충전 섬진강 매화소풍을 제대로 즐기기 위해 전망 좋은 곳에서 시집을 꺼내보세요. 섬진강 시인 김용택이 지은 〈섬진강 매화꽃을 보셨는지요〉가 제격입니다.

매화꽃 꽃 이파리들이
하얀 눈송이처럼 푸른 강물에 날리는
섬진강을 보셨는지요

푸른 강물 하얀 모래밭
날선 푸른 댓잎이 사운대는
섬진강가에 서럽게 서보셨는지요

    – 김용택, 〈섬진강 매화꽃을 보셨는지요〉 중에서

김용택 시인은 1948년 전북 임실에서 태어나 순창농고를 졸업했습니다. 김수영문학상, 소월시문학상을 수상한 그의 시 대부분은 섬진강을 배경으로 합니다. '매화꽃 꽃 이파리들이 / 하얀 눈송이처럼 푸른 강물에 날리는 / 섬진강을 보셨는지요' 시인의 이런 표현과 느낌들이 참으로 멋지지 않습니까? 아니, 섬진강 가에 가면, 꽃송이가 날리면, 절로 지어질 시입니다.

김용택의 시에서처럼 매화꽃잎이 하얀 눈송이처럼 흩날리고 매화꽃향이 물 속까지 닿으면 자잘한 재첩들이 봄 기지개를 폅니다. 간질간질 매화꽃향이 코끝을 간질이고 똑똑똑 산수유 노란 향이 노크를 하면, 봄 햇살 담뿍 머금고 키

클 준비를 합니다. 그러다 밤나무꽃이 피어 온 산이 하얀 연둣빛으로 북실거리면 재첩은 몸단장을 끝내고 바깥세상 설렘을 키웁니다.

2천5백 여 개의 옹기가 있는 청매실 농원 장독대에서 봄이 오는 섬진강을 내려다보며 동시 짓기를 해보세요. 아이의 맑고 꾸밈없는 눈으로 바라보는 세상을 조그맣고 통통한 입으로 읊조려 남겨놓으면 어른이 되어 돌아보아도 좋은 구절일 것입니다. 동시가 어렵다면 스케치북을 펴고 크레파스로 옥색 섬진강과 눈송이 같은 매화꽃잎을 담아도 좋습니다. 매실 아이스크림을 하나씩 물고 혀끝에 감기는 달콤함을 만끽하면서요.

매실을 딸 때가 되면 아이와 다시 오자고 약속도 해보세요. 아이 손을 잡고 흩날리는 매화꽃을, 굽이치는 섬진강을, 늘어선 장독대를 보기만 해도 시인이 되는 섬진강의 봄. 감성충전소이자 미술공부 시간이자 자연공부가 되는 시 여행입니다.

시를 읽으며 떠나기 좋은 여행지

하나. 윤동주 〈별 헤는 밤〉 ↔ 서울 부암동 '시인의 언덕' `추천 9~11세`

부암동 시인의 언덕은 윤동주가 연희전문학교(현 연세대)에서 하숙집인 소설가 김송의 집으로 오가던 길에 조성되어 있다. 서울 성곽을 지나게 되며 중간에 윤동주문학관이 있다.

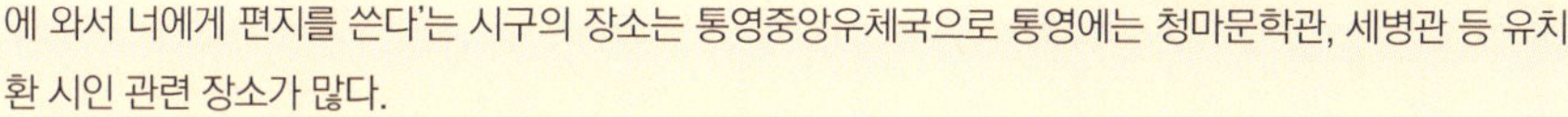

둘. 유치환 〈행복〉 ↔ 통영우체국 `추천 10~13세`

'오늘도 나는 에메랄드 빛 하늘이 환히 내다뵈는 우체국 창문 앞에 와서 너에게 편지를 쓴다'는 시구의 장소는 통영중앙우체국으로 통영에는 청마문학관, 세병관 등 유치환 시인 관련 장소가 많다.

셋. 한용운 〈님의 침묵〉 ↔ 홍성 한용운 생가 `추천 8~10세`

독립운동가이자 시인인 한용운의 정신과 삶을 느낄 수 있는 곳이 홍성의 한용운 생가다. 더불어 김좌진 장군의 생가도 근처에 있으니 들러보자.

넷. 정호승 〈선암사〉 ↔ 순천 선암사 `추천 5~7세`

'기차를 타고 선암사에 가라'는 시의 구절처럼 여행을 떠나보자. 시에 나오는 선암사 해우소는 크고 높기로 국내 제일이라 손꼽히며, 우리나라에서 가장 오래된 해우소이기도 하다. 지금도 사용되고 있으며 이곳의 인분은 퇴비로 쓴다. 선암사는 사찰 자체도 너무나 아름답다.

3
TRAVEL

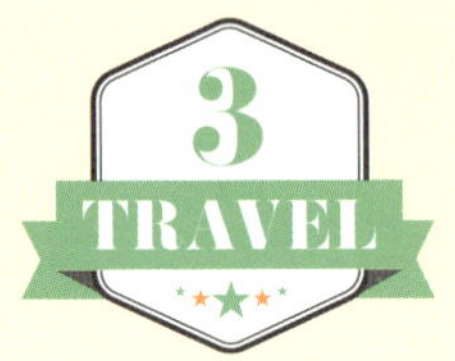

생각이 통통 튀는 아이로 자랐으면 좋겠어요!

문학여행-고전

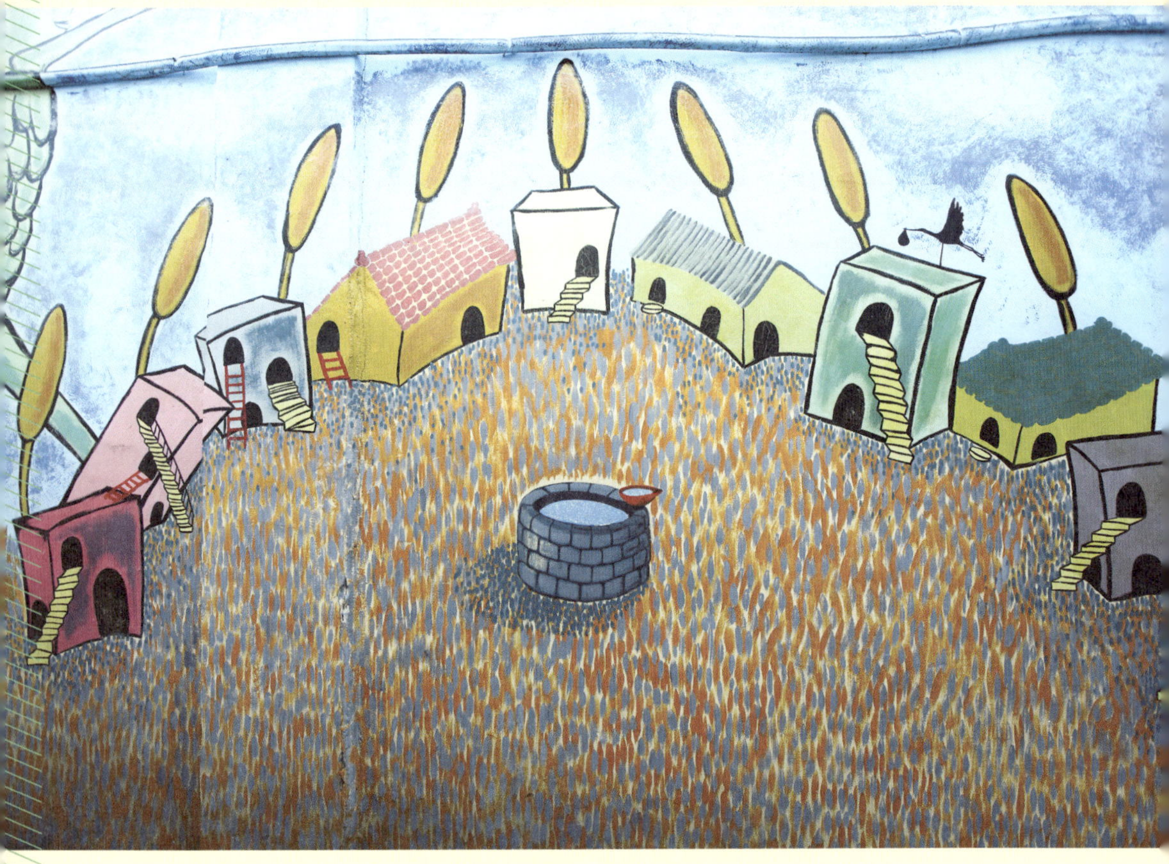

여행을 하다 보면 아이와 이야기할 시간이 많습니다. 그 시간은 매우 즐겁고 아이들 사고에 지대한 영향을 미치는데, 이때 여행과 우리 고전을 연결해보는 것도 좋습니다.

전라도 땅 남원에 가면 흥부마을이 있습니다. 대한민국 아이들이라면 흥부와 놀부를 모르는 아이는 없겠지요. 남원시 아영면 성리마을이 바로 흥부마을인데 판소리 다섯 마당 중 하나인 〈흥부전〉의 배경이라 합니다. 실제로 마을에는 그와 연관된 지명이 있습니다. 마을에 있는 고개는 '허기재'로 허기에 지쳐 쓰러진 흥부를 마을 사람들이 도운 고개라고 하고요. 놀부가 화초장을 지고 가다가 쉬었다는 '화초장 바위'가 있으며, 올망졸망 아이들을 데리고 있는 흥부네 가족의 동상은 흥미를 자극합니다.

여행과 고전을 어떻게 접목하면 좋을까요? 어른들의 경우 '흥부 놀부' 하면 보통 이런 답을 하지요.

"흥부는 착하게 살아서 복을 받고 놀부는 심술을 부려 결국 망했지. 그러니 착하게 살아야 한다!"

그렇죠. 마치 사지선다형 문제의 답처럼 '권선징악'이라는 조건반사적 결론을 냅니다. 그 외의 다른 방향으로는 생각해본 적도 없습니다. 아이들에게 무조건 이렇게 정답을 알려주고 교육시켜야 할까요? 저는 여행을 하고, 사람들을 만나고, 외국문물을 접하고, 나이가 들면서 생각이 많이 바뀌었습니다. 인생에 정답이 없듯이 어떠한 현상에도 정답이 있는 것이 아니라고요. 흥부와 놀부도 반드시 흥부가 착한 캐릭터이고 놀부가 나쁜 캐릭터이어야 하는 것은 아니겠지요. 반대로 생각해보면 어떨까요?

놀부의 시선으로 흥부를 생각해보면 흥부는 과연 본받을만한 캐릭터일까요? 아버지의 재산을 가로챘다고는 하지만, 놀부의 시각으로 보면 흥부는 자신의 상황을 제대로 파악하지도 못 하는 인간형으로 볼 수 있습니다. 자신의 상황에 맞게 살아야 하는데, 부양하지도 못 할 아이들을 대책 없이 줄줄이 낳았습니다. 무책임한 아버지죠. 아이들도 제대로 돌보지 못하면서 제비의 다리를 고쳐주는 오지랖도 보입니다. 그러다 운이 좋아 일어서긴 하지만, 그건 어디까지나 '운'이지 정상적인 노력과 실력에 의한 사회적 성공은 아니라는 것이죠. 명분만 앞세우고 경제적으로 무능한 당시의 몰락 양반을 풍자한 것일 수도 있습니다. 먹을 것이 없어도 아쉬운 소리 한 마디 하지 못하는 허세형 인간을 말이죠.

이번에는 놀부입니다. 놀부는 동생을 배신하고 부모님의 재산을 독차지한 파렴치한 인간입니다. 도덕적으로 구제 불능이지요. 오로지 경제적·물질적 가치를 최고로 치니까요. 하지만 경제적으로 부를 늘리기 위해 제비 다리를 부러뜨려 본다거나 원하는 것이 나오지 않음에도 박을 계속 타보는 등 매사 적극적인 인물이라고도 생각해볼 수 있지 않을까요? 현실적·경제적인 활동과 동시에 도전과 투자를 아끼지 않습니다. 명분과 의리를 중시하는 양반보다 실질을 중시하는 신흥 부자 계층을 대변하는 것으로 해석하기도 합니다. 이렇게 두 인물의 이야기를 뒤집거나 비트는 접근과 시도는 아이들의 생각을 무한대로 끌어올릴 수 있어요.

〈개미와 베짱이〉도 마찬가지입니다. 우스개 소리일 수도 있지만 개미는 죽도록 일만 하다가 허리 디스크로 병상에 누웠고, 베짱이는 노래연습을 계속해

'슈퍼스타K(신인가수를 발굴하는 서바이벌 오디션 프로그램)'에 나가 우승하고 가수가 되었다고 합니다. 〈심청전〉의 경우, 심청이는 눈먼 아버지를 두고 어떻게 그런 극단적인 선택을 할 수 있는지 생각해 봐야겠습니다. 요즘 같으면 언론이나 방송에 도움을 청하거나, SNS 혹은 클라우드 펀딩 등의 도움을 받을 수도 있었을 텐데요. 아버지를 버리고 자신의 인생을 놓아버리며 자살과 비슷한 형태로 결론을 내야 했는지, 그렇게 가버리면 부모님 마음이 얼마나 아플지 말입니다.

이렇듯 고전을 재해석하는 것은 흥미로운 일입니다. 아이들은 어른보다 훨씬 말랑말랑한 사고를 하고, 부모가 생각지 못한 방법, 기발한 발상을 해내니 이야기를 나누다 보면 문득문득 대견함을 느낄 것입니다. '얼음이 녹으면, 물이 된다'고 생각하기보다 '얼음이 녹으면, 봄이 온다'는 생각들이 툭툭 튀어나오는 그런 여행길이 되었으면 좋겠습니다.

MOM's Travel Tip

고전을 읽으며 떠나기 좋은 여행지

하나. 〈춘향전〉의 배경, 남원 광한루 추천 9~11세

전북 남원에 가면 춘향이와 이도령이 만난 광한루
를 중심으로 〈춘향전〉의 장면들을 재현해 놓았다.
주말이면 신관 사또 행차도 볼 수 있다.

둘. 〈별주부전〉의 배경, 사천 추천 6~8세

경남 사천시 서포면 비토리는 〈별주부전〉의 배경이
되는 곳이다. 〈별주부전〉에 전어가 용왕의 선전관으로, 깔따구가 한림학사로 등장하는데, 사천은 전어와
깔다구(농어의 새끼)가 많이 잡히고 토끼섬, 거북섬 등이 있으며 〈별주부전〉 테마파크가 조성되어 있다.

셋. 〈심청전〉의 배경, 백령도 추천 4~7세

백령도와 장산곶 사이의 바다는 공양미 삼백 석에 심청이 몸을 던진 인당수로 전해진다. 인당수가 보이는
바다에 심청 동상과 심청의 이야기를 재현한 심청각이 있고, 심청이 용궁에서 타고 나온 연꽃이 닿은 곳
은 연화리라고 전해진다.

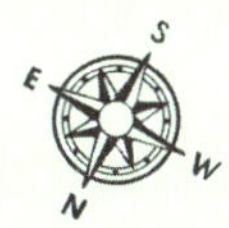

"생각하는 것을 가르쳐야 하는 것이지,
생각한 것을 가르쳐서는 안 된다."
- 독일 건축역사가, 코넬리우스 걸릿(1820 – 1901) -

자연을 즐기며
학습하는 여행은 없나요?

문학여행-명작동화

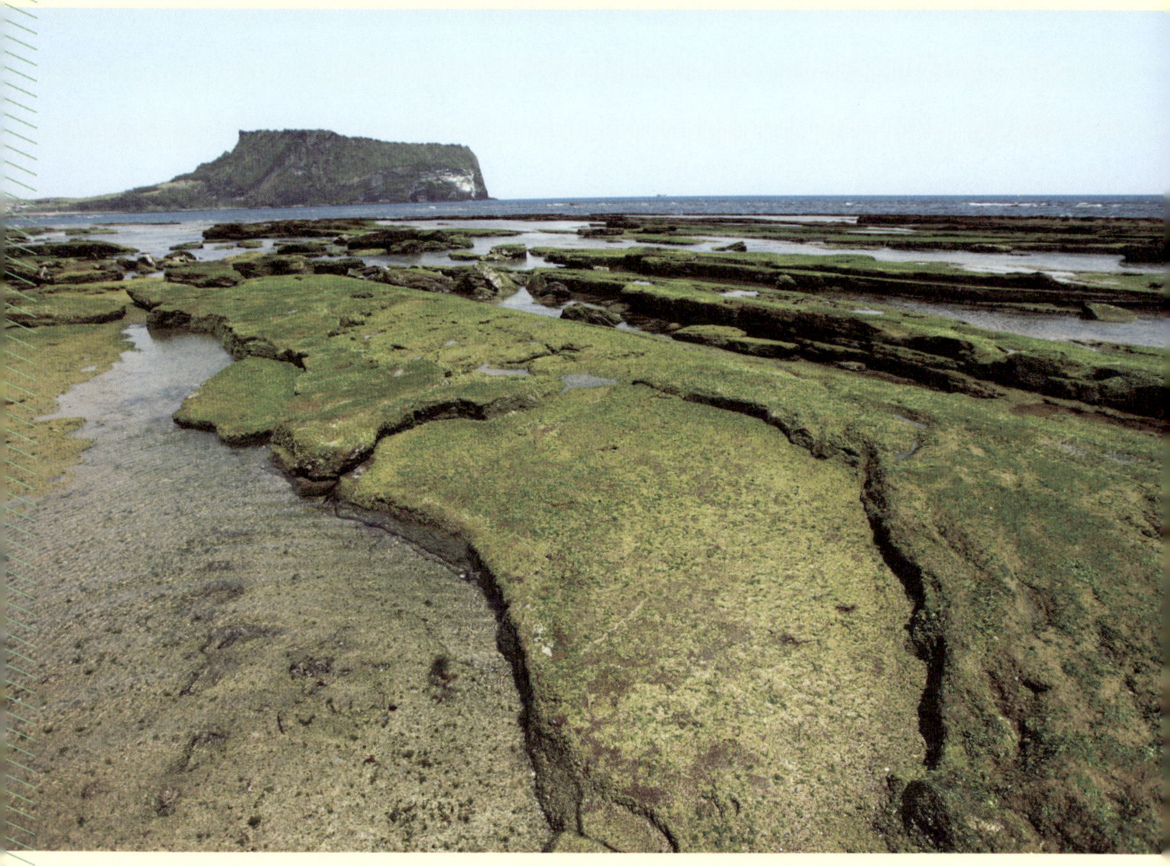

많은 사람들이 산으로 들로, 그리고 바다로 여행을 떠납니다. 시골 삼촌댁으로 가는 사람이 있겠고, 농촌체험 마을로 가는 사람들도 있을 것입니다. 어디를 가든 여름이면 계곡이나 개울을 찾게 되는데요. 어른들은 어항을 놓거나 족대로 고기를 잡으며 옛날 생각에 잠깁니다. 아이들은 풍덩풍덩 물장난이 즐겁고요. 그저 아무 생각 없이 놀아도 즐겁기만 합니다. 그런데 어느 해, 계곡에서 만났던 형제의 모습이 인상 깊어 소개할까 합니다.

형   우와~ 올챙이다. 어! 뒷다리가 나왔네? 이건 벌써 개구리가 되고 있는 걸?

동생   형아! 형아! 어디? 어디? 나도 좀 봐.

형   저기 저기, 네가 소리 지르니까 달아났잖아!

동생   에이, 나도 보고 싶은데……. 그럼 기다리지 뭐.

그래서 아이들은 기다립니다. 생각보다 오래 기다리더군요. 그러더니 결국 개구리가 되어 가고 있는 올챙이를 보았고, 열심히 이야기를 나누었습니다. 옆에서 보니 꽤나 진지한 얼굴이었지요. 대화의 내용이 호기심을 자극합니다.

동생   형아, 근데 올챙이가 개구리가 되는 건 너무 신기해.

형   뭐가 신기한데?

동생　올챙이는 물속에 살잖아. 우리는 물속에서 숨쉬기 힘든데 올챙이는
　　　어떻게 숨을 쉬어?

형　　올챙이는 우리랑 다르게 아가미란 걸로 숨을 쉰대. 물속에 있는 공기
　　　를 아가미로 걸러 숨을 쉬는 거야.

동생　우리랑 달라? 응~ 그렇구나. 내가 걱정하지 않아도 되는구나. 형아,
　　　그런데 올챙이가 개구리가 되면 어떻게 해? 그 아가미란 걸로 계속해
　　　서 숨을 쉬어? 그게 가능해?

형　　개구리가 되어 땅으로 올라오면 허파로 숨을 쉰대. 그러니까 올챙이
　　　가 개구리가 되면서 아가미는 허파로 바뀌어. 우리 사람들이 숨을 쉬
　　　는 것처럼 말이야.

동생　우와, 진짜? 진~짜 신기하다. 어떻게 그렇게 되지? 자동차가 로봇으
　　　로 변신하는 것보다 더 신기해!

형　　그런 걸 '변태'라고 한대. 과학시간에 배웠어.

동생　그렇구나. 근데 형아, 신기한 게 또 있어. 올챙이는 꼬리로 헤엄을 치
　　　잖아. 그런데 뒷다리가 나오고 또 앞다리가 나오는 게 너무 신기해. 꼬
　　　리가 어떻게 다리가 될 수 있지? 꼬리가 두 개로 쫙 갈라지나?

형　　글쎄 형도 그건 모르겠는데……. 진짜 꼬리가 갈라지나?

동생　(실망한 목소리로) 아~ 형도 잘 모르는구나.

그리고는 형제 사이에 침묵의 시간이 흐릅니다. 그러다 동생이 갑자기 대단
한 것을 발견한 것처럼 큰 소리로 형에게 말을 합니다. 마치 부력을 발견한 아
르키메데스처럼 말이죠.

동생 알았다! 알았어! 형아! 형아! 인어공주 알지?

형   어……. 인어공주 알지.

동생 인어공주도 물속에 있을 때 꼬리로 헤엄치다가 꼬리가 두 개로 쫙 갈
     라지면서 다리가 됐잖아. 그거야, 바로 그거야!

형   (당황한 얼굴로) 그게 올챙이랑 무슨 상관이지?

동생 (뿌듯하고 당당한 얼굴로) 잘 들어봐! 인어공주가 물속에서는 꼬리로
     헤엄치고 다니지? 올챙이처럼. 그리고 꼬리가 쫙 갈라져 다리가 두 개
     가 되잖아. 올챙이가 개구리 되는 것처럼. 그리고는 땅에 올라가서 다
     리로 걸어 다녀.

형   (……)

동생 또 있어! 인어공주도 올챙이처럼 물속에 살 때는 아가미로 숨을 쉬어
     그리고 올챙이가 개구리가 되듯 땅에 올라가서는 허파로 숨을 쉬게
     되는 거야. 형이 말한 변태! 바로 그거지. 인어공주도 형아가 말하는
     변태인가 뭔가 그걸 한 거라고!

형   그, 그래?

동생 이제 알았네. 그러니까 인어공주는 연못이 아닌 바다에 살던 올챙이
     였어. 그것도 여자 올챙이! 여. 자. 올. 챙. 이!

양서류인 올챙이는 물속에서 생활을 하다가 성체가 되면 육지로 올라와 생
활을 합니다. 이를 '변태(metamorphosis)'라고 하지요. 변태 호르몬 또는 갑상
선 호르몬이 올챙이의 꼬리를 사라지게 하고 다리가 나오게 하며 허파 호흡을
가능하게 합니다.

아이들이 흔히 아는 명작동화 《인어공주》를 보면 왕자에게 반한 인어공주는

왕자와 같은 사람이 되기 위해 마녀를 찾아갑니다. 마녀에게 목소리를 주고 대신 물약을 받아 마십니다. 과학적으로 보면 물약은 변태 호르몬이나 갑상선 호르몬 같은 역할을 했겠지요. 결국 인어공주는 물약을 마시고 변태를 일으켜 올챙이가 개구리가 되듯 꼬리가 다리가 되고 수중 호흡기관인 아가미가 육지 호흡기관인 폐로 변해 인간이 되었습니다.

동화책에는 꼬리 대신 다리가 생겼지만 걸을 때마다 칼로 베는 듯한 고통을 느꼈다고 표현되어 있습니다. 부력을 받아 꼬리로 쉽게 헤엄치는 것과 달리 육지에서는 부력이 작용하지 않으니 힘이 들었겠지요. 그래서 파충류들이 배를 깔고 기어 다닙니다. 의도한 것인지는 모르지만 부력이 없는 육지에서의 어려움을 그렇게 표현한 게 아닐까요.

아이들의 이야기를 들으며 머릿속에서 인어공주와 개구리가 오버랩 됩니다. 복잡하게 머리를 굴리고 있는데 동생이 자리를 툭툭 털고 일어나 숲으로 달려갑니다. 형도 따라갑니다. 우리는 여행을 할 때, 현장에서 안내판을 읽어보고 또 설명을 듣습니다. 역사 이야기가 대부분이라 여행을 하면 역사공부를 한다는 생각이 지배적입니다. 그런데 아이들은 이렇듯 계곡에서의 물놀이를 통해 자연현상을 깨우치고, 머릿속 동화나라에서 노닐며 무한한 상상력을 키우고 아름답게 자라납니다.

지금까지 아이들처럼 인어공주와 개구리를 연관시켜보겠다는 생각은 꿈에서도 해보지 못했습니다. 참으로 기발하지 않나요? 특별히 무언가를 하지 않아도 대자연 속에서 맑은 공기를 마시고 시원한 바람을 맞으며, 아이들은 맑고 밝게 또 건강하게 자랍니다. 다음 여행에서는 뭔가를 가르쳐야 한다는 생각보다 아이들이 좋아했던 동화 한 구절과 그것에서 연상시킬 수 있는 키워드 하나쯤 건네주시면 어떨까요?

아이들과 가기 좋은 추천 동화 여행지

하나. 영월 김삿갓 계곡 `추천 4~6세`

강원도 영월 김삿갓 계곡은 물이 좋을 뿐만 아니라 주변에 김삿갓 무덤과 김삿갓 문학관 등이 있어 문학 여행도 가능하다.

둘. 부천 아인스월드 `추천 8~10세`

《걸리버 여행기》를 읽고 간다면 더욱 즐거운 곳. 유네스코가 지정한 세계 유명 건축물을 25분의 1로 축소시켜 실제와 똑같이 재현한 미니어쳐 테마파크로 세계 유명 건축물이 한곳에 모여 있다. www.aiinsworld.com

셋. 가평 쁘띠 프랑스 `추천 6~8세`

전 세계 어린이들의 사랑을 받는 책 《어린왕자》. 이곳은 《어린왕자》가 모티브가 된 프랑스 시골 마을 콘셉트. 곳곳에 어린왕자 캐릭터가 있고 저자 생텍쥐페리 기념관도 있다. 기념관에서는 어린왕자의 모습을 습작하던 종이와 원고 등을 볼 수 있다. www.pfcamp.com

역사 속 인물을
재밌게 만나고 싶어요!

인물여행

위인을 찾아가는 여행은 아무래도 지루하다는 선입견이 있습니다. 하지만 여행방법을 바꾸면 인물여행만큼 재미있는 여행도 없지요. 아이도 한 번쯤 들어본 사람, 누구에게나 익숙한 인물을 찾아가는 것은 여행자들끼리 이미 설명이 필요 없는 공통분모를 갖고 떠나는 것이기 때문입니다.

그럼 인물여행을 떠나볼까요? 일단 서울 시내에 있는 낙성대는 어떨까요? 지하철을 타고 가기 매우 편한 곳인데, 정작 그곳이 뭐하는 곳인지 알지 못하는 사람들이 많습니다. 낙성대(落星垈)는 '별이 떨어진 곳'이란 뜻으로 강감찬 장군이 태어날 때 별이 떨어진 곳이라고 해서 붙은 이름입니다.

"정말로 별이 하늘에서 떨어졌어요?"

"그럼, 정말 별이 떨어졌는지 우리 보러 갈까?"

자, 강감찬 장군을 만나러 떠나볼까요? 그런데 아이들과 재미있게 인물여행을 하고 싶다면 주의해야 할 점이 몇 가지 있습니다.

첫째는 인물에 대해 너무 많이 말해주지 말라는 것입니다. 출발하기도 전에 백과사전에 나오는 것 같은 지식을 아이에게 많이 읊어주면 흥미가 떨어지고 가고 싶어 하지 않습니다. 공부를 하러 가는 것이란 생각 때문에 오히려 거부감이 들지요. 현장에서 아이들이 직접 무언가를 찾고, 이야기를 주고받아야 재미가 있습니다.

두 번째는 인물의 잘난 부분을 너무 부각하지 말라는 것입니다. 언젠가 딸아이가 한 말이 가슴에 남습니다.

"엄마, 왜 우리나라 위인들은 전부 똑똑하고 잘났어요? 세 살에 《천자문》을 떼고 열 살에 《사서삼경》을 떼고 그러잖아요. 훈남 그 자체예요. 분명 엄청 잘생겼겠죠? 우리나라에서는 어릴 때부터 그렇게 똑똑하지 않으면 커서 위인이 못 되나요? 에디슨은 학교도 제대로 못 다녔고, 스티브 잡스는 입양되었고, 헬렌 켈러는 눈이 안 보였는데도 위대한 사람이 되었잖아요."

어른들이 놓치는 것을 아이들은 잘 잡아냅니다. 정말 그렇지요. 이미 어릴 때부터 엄청난 위인이라 따라가기 힘들다고 생각되면, 아이들은 아예 포기하게 되겠지요.

세 번째로 반전의 즐거움이 있어야 합니다. 어찌 보면 첫 번째나 두 번째와 같은 이야기일 수 있습니다.

이제 주의할 점을 알았으니 강감찬 장군을 만나러 갈까요? 가는 길에 아이에게 이런 이야기는 해주어도 좋습니다. 강감찬 장군은 키가 아주 작고 못생겼다고요. 그럼 아이들이 갑자기 흥미를 느낍니다. 강감찬이 골목대장으로 이름을 날릴 때 주변에서 그 이름을 듣고 보러왔다가, 이렇게 못생긴 아이가 강감찬일 리 없다며 돌아갔다는 얘기에 아이들은 흐뭇한 미소를 띱니다. 이유는 짐작이 되시죠? 잘난 부분보다는 못난 부분, 힘든 부분을 부각시킨 후 이를 어찌 극복했는지 아는 것이 중요합니다. 그것이 인물여행의 핵심이니까요.

막상 낙성대에 도착하면, 생각만큼 멋지거나 화려하지 않습니다. 어떤 아이들은 실망하기도 하지요. 그런데 여기에 반전의 매력이 있습니다. 삼층석탑이 있는데 강감찬처럼 멋진 장군이 또 태어날까 봐, 그 기가 계속 흐를까 봐, 일본인들이 탑의 축을 비틀고 보물을 가져가는 등 훼손해 놓았기 때문입니다. 아이들이 고개를 끄덕이고 감정 또한 깊어집니다. 물론 놀이동산의 화려함이나 전시물이 훌륭한 곳도 좋지요. 그러나 너무 화려하고 근사하면 오히려 본질을 보

기 힘들 때가 있습니다.

반전이 또 있습니다. 우리가 흔히 강감찬 장군이라고 부르지만, 그는 무신 출신이 아니라 문신이었다고 합니다. 다만 거란이 침입했을 때 총사령관인 상원수(上元帥)를 맡아 전쟁을 승리로 이끌었는데, 그 이미지가 워낙 강해 강감찬 장군이라고 부르는 것이지요. 그리고 그때 강감찬의 나이가 일흔 살이었다고 합니다. 힘이 세고 젊은 장군이 아니라 지혜로운 문신이었다고 하니, 더욱 멋지지 않나요?

강감찬 장군을 만나고 돌아온 후, 아이에게 거울을 보고 자신의 외모에 대해 칭찬을 해보라고 하세요. 키가 작아 콤플렉스인 친구들도 활짝 웃을 수 있는 곳이 바로 낙성대, 강감찬 장군 인물여행입니다.

역사 속 인물을 만나러 가기 좋은 여행지

하나. 추사 김정희의 충남 예산 추천 6~8세

추사 김정희는 10대에 할아버지, 양아버지, 친어머니, 아내, 스승을 잃어 힘든 시기를 보냈고, 50대에 9년간 제주도에 위리안치로 유배되었으나 모두 이겨내고 추사체를 만들었다. 충남 예산에 가면 추사고택과 추사기념관, 그리고 추사의 묘가 있다.

둘. 정조대왕의 경기도 수원 추천 7~10세

할아버지가 아버지를 죽이는 잊지 못할 시련을 품에 안고, 정적들이 목숨을 노리는 어린 시절을 보내면서도 정조대왕은 백성에 대한 사랑과 바른 정치에 대한 꿈을 포기하지 않았다. 수원에 가면 수원화성과 융건릉, 용주사가 있다.

셋. 홍의장군 곽재우의 경남 의령 추천 8~10세

홍의장군 곽재우는 학문은 높으나 외면받았고, 시대마저 암울했으나 분연히 일어나 백성들과 나라를 지켜냈으며, 벼슬을 멀리하고 자신의 고고함을 지킨 것으로 유명하다. 경남 의령에 가면 충의사와 정암진, 의병길이 있다.

사극이 아이여행에 도움이 되나요?

역사여행

"엄마, 김유신 장군하고 선덕여왕하고 정말 좋아했어요? 근데 정치적인 이유로 결혼을 못 한 거예요? 왕족들은 결혼도 맘대로 못 하는구나."

경주에 갔을 때 딸아이가 한 질문이었습니다. 음, 어떻게 설명해야 할까요? 우리 가족은 당시 인기리에 방영되던 드라마 〈선덕여왕〉을 보고 경주에 갔습니다. 사극, 아이들이 봐야 할까요? 보지 말아야 할까요? 드라마는 정사가 아니기 때문에 왜곡된 사실을 받아들일 수 있어 시청을 막아야 한다는 의견과 그 반대 의견이 분분하죠.

주변을 둘러보면 여행에 역사와 관련되지 않은 것이 없습니다. 그리고 그것이 여행의 목적일 때도 많습니다. 게다가 요즘엔 사극이 봇물 터지듯이 많이 방영되고 있어, 가히 사극 열풍이라고 불러도 좋을 것 같습니다. TV 드라마는 물론이고 영화도 마찬가지죠.

제가 어릴 때 아버지는 사극을 즐겨보셨습니다. 끝머리에는 어김없이 '~~라고 실록에 기록되어 있다'는 멘트가 나왔고, 《조선왕조실록》과 같은 다큐멘터리의 느낌이 강했습니다. 아버지는 함께 보자고 하셨지만 '세상에 저렇게 재미없는 걸 왜 보나' 생각했습니다. 반면 요즘의 사극과 영화는 영상미가 좋고 내용도 크게 부담이 없습니다. 역사적 사실에 기반을 둔 '정통 사극'을 넘어 '퓨전 사극'이라고 불릴 정도로 재미를 더했습니다. 역사에 문외한이어도 쉽게 볼 수 있도록 말이죠.

하지만 퓨전 사극은 재미와 극화를 추구하면서 고증되지 않은 이야기가 많이 첨가됩니다. 〈선덕여왕〉의 경우도 마찬가지죠. 드라마 〈선덕여왕〉에서는 선덕여왕과 김유신 사이에 러브라인이 있었지요. 극의 재미는 더해졌지만 사실 관계는 입증이 안 된 이야기입니다. 덕분에 이것을 본 아이들은 정말로 선덕여왕과 김유신이 서로 좋아했던 사이인 줄 알고 있습니다. 배역도 엇비슷한 나이로 보이는 선남선녀를 배정했으니까요.

과연 아이들에게 사극을 보여주어야 할까요? 아니면 역사적 지식이 어느 정도 쌓인 다음, 사실여부를 판단할 수 있을 때 보여주어야 할까요? 우선 선덕여왕과 김유신의 관계부터 정리해 보아야 할 것 같습니다. 아이가 던진 질문에 대해 정답도, 어떤 결론도 내릴 수가 없었으니까요. "글쎄. 그 당시 살았던 사람들이 지금은 아무도 없으니 그건 잘 모르겠네."라며 얼버무리고 말았습니다.

경주에서 돌아와 폭풍 검색을 했습니다. 검색 중 흥미로운 것을 발견했는데 선덕여왕(善德女王, ? ~647)의 출생연도를 알 수 없다는 것이었습니다. 그 어디를 찾아봐도 없었죠. 선덕여왕 다음인 진덕여왕도 마찬가지입니다. 남자 왕들은 모두 기록되어 있는데 당시 왕이 된 여성들의 출생연도가 없는 것이 조금 의아했습니다. 특별한 이유가 있는지, 아니면 당시에도 남존여비 같은 사상이 작용해서 그런지 궁금합니다.

정확한 출생연도는 알 수 없지만 학계에서는 김유신(金庾信, 595~673)이 선덕여왕 즉위년에 38살이었고, 선덕여왕은 그때 46살 정도였을 거라고 추측합니다. 김유신이 여덟 살 연하네요. 러브라인 또한 없었다고 추측합니다.《삼국사기》에 655년, 김유신은 김춘추의 셋째 딸 지소와 혼인했다고 되어 있습니다. 또《화랑세기》필사본에 김유신의 아내가 두 명 더 등장합니다. 613년, 화랑도 11대 풍월주 하종공의 딸 영모와 혼인을 했고, 영모의 동생 유모를 첩으로 삼았다는 기록이 있습니다.

한편 선덕여왕은 두 명의 남자와 세 번의 결혼을 했다고 하네요. 세 번째 결혼상대가 이별했던 첫 번째 남편이었으니까요. 학계에서는 필사본《화랑세기》를 위서(僞書)로 보기도 하니, 어디까지 믿어야 할지는 잘 모르겠습니다.

결국 어느 것이 진실인지는 알지 못했지만, 덕분에 선덕여왕과 김유신에 대한 궁금증이 커졌고 열심히 찾아보았습니다. 아이들도 마찬가지입니다. 영화나 드라마를 보면서 궁금한 것이 있으면 찾아보면 됩니다. 다양한 검색 기능과 데이터가 서비스되고 있지요. 제가 검색을 위해 인터넷 검색창에 '선덕여왕'을 치니, 이미 '선덕여왕과 김유신이 사랑하는 사이였나요'라는 질문으로 도배가 되어 있더군요. 댓글과 관련 내용이 무수히 많았습니다. 그 글들을 읽으며 또 다른 궁금증이 생겼고, 그렇게 찾다 보니 궁금증이 꼬리에 꼬리를 물면서 선덕여왕 시대가 눈앞에 펼쳐졌습니다.

아이들에게 사극이 궁금증을 유발하게 하고, 역사에 관심을 갖게 하는 촉매제 역할을 한다면 그것으로도 충분합니다. 그를 통해 다양한 사고와 가능성의 세계를 열게 된다면 더욱 좋겠지요. 저는 딱딱한 역사를 암기식, 주입식으로 공부시키는 교육을 받고 자란 터라 학창시절 역사를 가장 싫어했습니다. 그러나 여행을 하면서 달라졌지요. 여행을 통해 한 조각 한 조각 꿰어나간 역사가 오히려 더 흥미로웠고, 지금은 학생 때보다 훨씬 역사를 좋아합니다. 그리고 그 변화에는 사극이 큰 역할을 했습니다. 중요한 건 '호기심'과 '궁금증'이 생겨야 '자극'이 되고 '발전'이 뒤따른다는 것! 아이들이 사극을 봐도 되는지 고민하는 부모님이 계시다면 저는 '사극 시청' 쪽에 한 표를 던집니다.

여행에 대한
아이의 흥미를 높이고 싶어요!

화폐여행

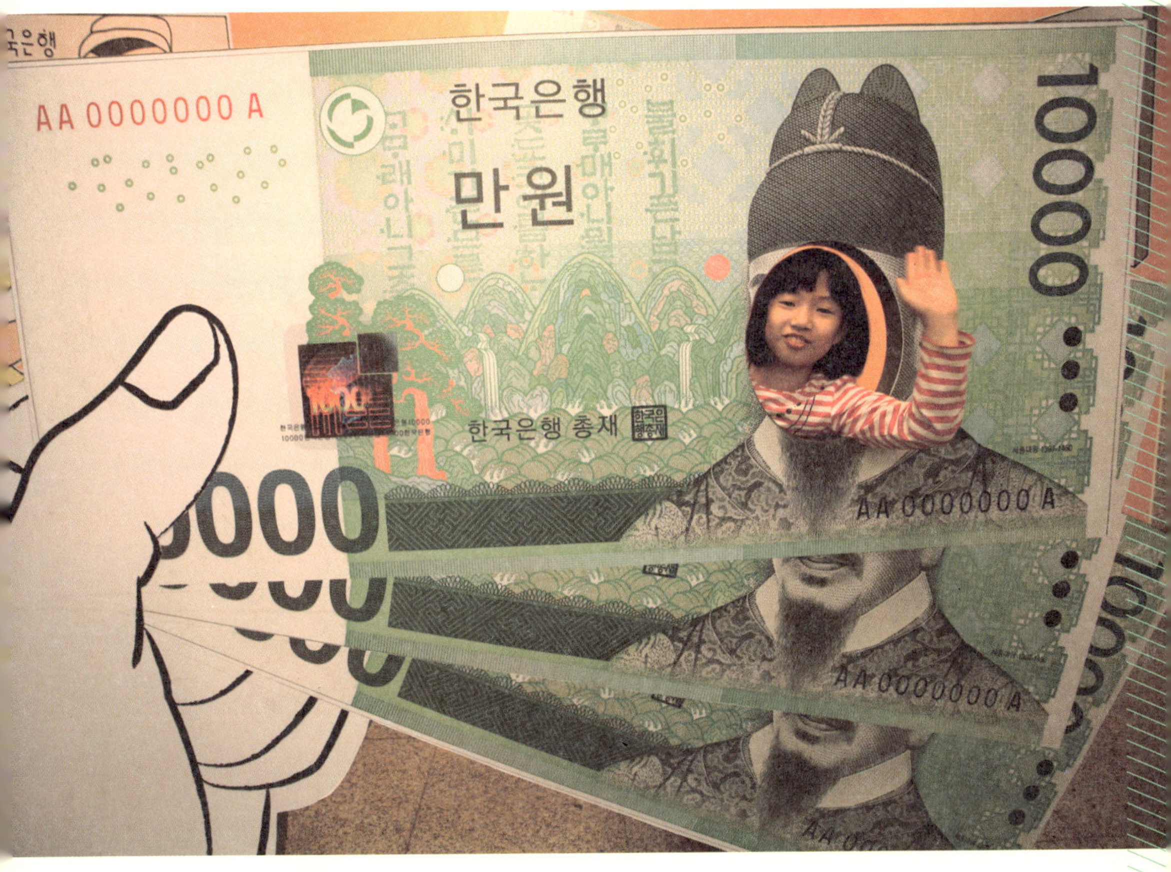

"소라야, 심부름 좀 해줄래? 슈퍼에서 우유하고 양파 좀 사다주면 좋겠는데. 성묵이도 같이 가련?"

"엄마, 심부름 값 주실 거예요?"

"요런, 깍쟁이들. 그래 줄게."

아이들이 팔랑팔랑 만 원짜리 한 장을 들고 심부름을 다녀옵니다.

이 일상적인 대화에 이런 내용이 붙으면 어떨까요?

"얘들아, 이 돈 안에 있는 그림은 뭘까?"

말 나온 김에 아이들과 함께 만인(萬人)의 로망인 만 원짜리를 꼼꼼히 살펴보세요.

"자, 보자꾸나. 여기 계신 분은 누구지?"

만 원권 앞쪽에 대한민국 국민들이 가장 존경하는 임금님, 세종대왕(世宗大王, 재위 1418~1450)의 모습이 있습니다. 배경으로 보이는 그림은 임금이 정사를 볼 때 어좌 뒤쪽에 쳐놓는 병풍인 〈일월오악도(日月五岳圖)〉입니다. '임금이 천명을 받아 삼라만상을 다스린다'는 의미를 두고 있죠. 〈일월오악도〉는 미완성 그림으로 임금이 앞에 앉아야 완성이 되는 독특한 개념의 그림입니다.

이제 만 원권 지폐를 뒤로 돌려보세요. 하늘의 별자리를 그린 조선시대의 천문도 〈천상열차분야지도(天象列次分野之圖, 국보 제228호)〉를 바탕으로 하여, 송이영이 제작한 혼천시계의 일부인 〈혼천의(渾天儀, 국보 제230호)〉가 왼쪽에 있고, 보현산천문대의 광학천체망원경이 오른쪽에 희미하게 들어 있습니다. 이

모든 여행은 흥미에서 출발합니다. 지폐 속에 등장하는 물건들을 찾아서
돈과 함께 인증 샷을 찍어보자며 출발해보세요. 여행길이 한결 즐겁습니다.

때 한 마디를 보탭니다.

"애들아, 우리 만 원짜리 안에 있는 세종대왕이랑 〈천상열차분야지도〉랑 〈혼천의〉랑 직접 구경하러 갈까? 이 돈을 들고서 말이야."

모든 여행은 흥미에서 출발합니다. 지폐 속에 등장하는 물건들을 찾아서 돈과 함께 인증 샷을 찍어보자며 출발해보세요. 여행길이 한결 즐겁습니다. 아이들이 돈을 더 뚫어지게 쳐다보겠지요.

교외로 나왔구나, 하는 느낌이 드는 길을 달리다 보면 여주군 능서면 영릉입니다. 세종대왕과 소헌왕후가 묻히신 곳이죠. 입구를 지나면 세종전이 나오고 세종대왕의 업적을 기리는 전시품들을 만날 수 있습니다. 가장 먼저 보이는 것은 만 원권 지폐 뒷면에 있는 〈혼천의〉. 이는 일종의 측각기로 천체의 위치와 적도 좌표를 관측하는 천체관측 기기입니다. 세종 15년(1443년)에 정인지, 장영실을 시켜 혼천의를 만들었다는 기록이 〈세종실록〉에 나와 있습니다. 현종 10년(1669년)에 송이영이 만든 〈혼천의〉는 서양식 자명종의 원리가 접목되어 있지요. 아이들과 함께 혼천의를 배경으로 만 권권 지폐를 들고 기념 촬영하는 인증 샷! 잊지 마세요.

세종전 앞에는 검은 돌에 새겨진 〈천상열차분야지도〉도 있습니다. 만 원권 지폐 뒷면에 배경으로 그려진 그림이 바로 그것이지요. 해와 달에 대한 기록과 더불어 1,467개의 별이 커다란 원 안에 표시되어 있어요. 조선시대에 제작되었지만 고구려시대의 〈석각천문도〉를 바탕으로 하고 있으며, 별 밝기에 따라 다른 크기로 그려진 별은 그 밝기가 현대에 관측된 등급과 흡사합니다.

세종전 안에 들어가면 세종대왕의 멋진 모습들이 있으니 여기서도 역시 인증 샷을 찍습니다. 이렇듯 여행의 스타일을 조금만 달리해도 아이들이 먼저 찾아다니는 흥미로운 여행길이 됩니다. 물론 〈소간의〉, 〈천평일구〉, 〈오목해시계〉 등을 통해 지금의 시간을 추측해보고, 물시계의 원리는 어떠한지, 또 청계천 수표교 옆에 있는 수표로는 물의 양을 어찌 가늠했는지 살펴보는 유익한 시간도 되고요.

이제 왕릉으로 올라갑니다. 아이들이 전시관보다 야외를 더 흥미로워하네요. 조선의 왕릉은 유네스코 문화유산에 등록되어 있는데요. 대부분의 왕릉은 아래에서 올려다보기만 하여 흥미가 없지만 여주 영릉은 바로 앞으로 관람로가 만들어져 있어 왕릉을 아주 가까이에서 볼 수 있습니다.

만 원권 지폐를 살펴보며 조선 제4대 임금으로 국방, 과학, 음악 등 다양한 문화를 발전시킨 세종대왕과 그의 업적을 둘러볼 수 있으니, 이 돈은 오로지 세종대왕을 위한 지폐인 것 같습니다.

지폐는 한 나라의 자랑할만한 문화와 인물을 담고 있지요. 우리의 자랑거리가 담긴 지폐, 매일 사용하는 지폐, 아이들이 이제 더 유심히 보게 되겠지요? 여주 영릉에서 찾지 못한 앞면의 〈일월오악도〉는 경복궁에서, 뒷면의 망원경은 영천 보현산천문대에서 볼 수 있으니 흥미가 생기면 찾아가 봄 직합니다. 어쩌면 아이들이 천 원권, 오천 원권, 오만 원권 지폐여행도 가자고 할지 모르겠습니다.

지폐와 동전을 테마로 하는 추천 여행지

하나. 안동 도산서원 `추천 8~10세`

천 원짜리 지폐 앞면에 있는 퇴계 이황 선생이 학문을 닦고 제자를 가르치던 곳이다. 뒷면의 그림은 겸재 정선이 그린 〈계상정거도〉로 도산서원 이전에 퇴계 이황이 머무르던 도산서당과 주변의 모습으로 알려져 있다. www.dosanseowon.com

둘. 강릉 오죽헌 `추천 7~10세`

오만 원짜리 지폐의 주인공인 신사임당과 오천 원권 지폐의 주인공인 율곡 이이를 모두 만날 수 있는 곳. 오죽헌의 몽룡실에서 신사임당은 율곡 이이를 낳았다.

셋. 한국금융사박물관 `추천 9~10세`

신한은행이 운영하는 곳으로 돈과 통장, 카드의 변천사뿐 아니라 돈을 빌리기 위해 담보로 당나귀를 맡겼던 일 등과 같이 재미있는 이야깃거리를 만날 수 있다. www.shinhanmuseum.co.kr

넷. 대전 화폐박물관 `추천 8~11세`

한국조폐공사에서 운영하는 우리나라 최초의 화폐 전문 박물관. 화폐의 기원과 종류, 동전 만드는 과정, 그리고 기념주화를 만날 수 있다. museum.komsco.com

선사시대에 대해
공부하고 싶어요!

고인돌여행

아이들이 한국사를 처음 배울 때 초반에 등장하는 것이 고인돌입니다. 청동기 시대의 대표적인 무덤 양식으로 알려져 있죠. 고인돌을 영어로 말하면 우리말 돌멩이를 연상시키는 'dolmen'입니다. 2000년 11월 고창·화순·강화 지역의 고인돌이 유네스코 세계문화유산으로 등재되면서 그 중요성이 더욱 강조되고 있지요. 그래서 많은 아이들이 고인돌을 보러 갑니다. 그런데 막상 가면 한 번 휙 둘러보고는 "고인돌, 그거 봤는데 별거 없어요."라고 합니다. 정말 고인돌이 별거 없는 커다란 돌덩어리일까요? 저는 궁금한 게 많은데 말이죠.

하나, 고인돌은 왜 만들었을까요? 그리고 고인돌을 만들기 위해서는 몇 명의 사람이 필요할까요? 고인돌은 청동기시대 부족장의 무덤이니 청동기시대로 거슬러 올라가봐야 하겠죠. 아니, 그보다도 전으로 거슬러 올라가야 합니다. 고인돌 주변에는 넓은 초지가 형성되어 있습니다. 원시시대 사람들은 이런 곳에서 살았습니다. 한반도에 사람이 살기 시작한 시기는 대략 70만 년 전 구석기시대로 추정됩니다. 아이들에게 묻습니다.

"여기서 무얼 먹고 살았을까?"

아마도 열매를 따먹고 사냥을 하며 살았겠지요. 그러다 정착생활을 하게 되면서 몇 가족이 모여 농사를 짓게 되었을 터이고요. 그런데 농사라는 것이 어떤 때는 잘 되어 풍년이지만 흉년이 들기도 합니다. 어떤 부족은 넉넉히 남는데 어떤 부족은 먹을 것이 없어 굶어 죽기도 했습니다. 먹을 것이 없으면 어떻게 해야 할까요? 아이들에게 한 번 물어보세요.

"옆 마을에 가서 달라고 해요."

"그래도 안 주면 어떻게 해?"

"뺏어와야죠, 뭐."

그것이 바로 생존본능인가 봅니다. 부족 간에 싸움이 벌어지고 승자와 패자가 생깁니다. 패자의 식량은 승자의 것이 되고 사람은 일꾼과 노예가 됩니다. 승자는 일석이조, 아니 땅과 식량과 노동력을 얻었으니 일석삼조가 되어버렸습니다. 이제 부족은 농사도 농사지만 무기를 갈고 닦고, 또 개발하는 데 신경을 씁니다. 구리에 주석이나 아연을 섞어 돌보다 단단하고 성능 좋은 청동기로 무기를 갖춘 부족이 힘을 갖게 되고 세력은 점점 커집니다. 규모가 커지니 시스템이 필요하고 집단 내부에 다스림을 받는 자와 다스리는 자의 서열이 생기겠지요. 그럴수록 권력자는 더욱 힘을 갖습니다.

자, 그럼 고인돌로 다시 돌아와 보겠습니다. 그들은 왜 이런 무덤을 만들었을까요? 이런 무덤을 만들려면 몇 사람이 필요할까요?

강화 부근리 고인돌은 두 개의 굄돌(받침돌) 위에 커다란 덮개돌이 있습니다. 이 덮개돌의 무게는 50톤 정도입니다. 통상 1톤을 나르는 데 성인 남자 8~10명이 필요하다고 합니다. 편의상 1톤에 10명의 남성이 필요한 걸로 하겠습니다. 50톤이면 500명이 필요하겠지요. 이 500명은 힘을 쓸 수 있는 성인 남성일 것이고 한 가정의 가장일 가능성이 큽니다. 4인 가족을 기준으로 가장이 500명이라면 부족 사람들은 2000명 정도, 청동기 시대에는 지금보다 아이를 많이 낳았을 것이니 6인 가정을 기준으로 한다면 3000명이나 됩니다.

이를 토대로 강화 부근리 고인돌을 만든 부족의 구성원은 적어도 2000~3000명 정도는 됐을 것이라는 추측이 가능합니다. 아마도 규모가 작은 부족은 이런 고인돌을 만들 엄두조차 내지 못했겠네요. 결국 고인돌은 한 부족의 세를

과시하는 방편으로도 해석할 수 있습니다. 이스트 섬의 모아이 석상이나 영국의 스톤헨지, 이집트의 피라미드가 모두 커다란 돌로 무언가를 말하는 '거석문화'입니다.

그런데 이러한 고인돌이 강화도에 150기(基, 고인돌을 세는 단위)가 있고 고창, 순창과 더불어 우리나라에 있는 고인돌은 3만여 기가량이며, 북한에서 약 1만에서 1만5천 기에 가까운 고인돌이 발견되었습니다. 전 세계 고인돌 분포가 6만여 기이니 가히 '한반도=고인돌 왕국'이라 할만합니다. 혹 세계문화의 발상지라고 하는 4대문명 발상지 중 한반도가 빠진 게 아닐까 싶은 대목입니다. 별 볼일 없이 보이는 돌덩어리가 실은 무한한 가치를 가지고 있고, 또 선사시대 문화와 유적을 추적하고 우리 겨레의 자존감과 더불어 뿌리를 찾는 데 매우 중요한 역할을 합니다.

둘, 고인돌은 어떻게 만들었을까요? 직접 만들어보세요. 주위에 굴러다니는 돌 세 개만 있으면 기본적인 고인돌 모양은 만들 수 있습니다. 그럼 만들어볼까요? 아이들도 고인돌을 어떻게 만드는지 이미 잘 압니다.

"돌 두 개를 세우고 흙을 덮고 그 위에 덮개돌을 올리고 흙을 파내요~"

학습이 잘된 아이들은 이렇게 대답을 합니다. 교과서와 역사책에 그런 그림이 무척 많거든요. 그런데 실제로 해보면 잘 되지 않습니다. 고인돌의 무게 중심 맞추기가 영 쉽지 않은데요. 듣고 배운 고인돌 만드는 방법은 정확히 말하면 '설'입니다. 추측이지요. 그것을 만들거나 본 사람은 지금 아무도 남아 있지 않으니까요. 그러니 이미 알려진 학설을 주입시키는 것보다 알고 있는 사실이 정답이 아닐 수도 있다는 것에 대해 이야기해보세요. 이러한 접근이 더욱 창의적인 아이로 만듭니다.

아무것도 아닌 것 같은 돌덩이(고인돌) 앞에서 생각해보고, 얘기해보고, 직접

해볼 수 있는 것들이 너무나 많습니다. 고인돌은 소리 내서 말하지 않지만 수많은 비밀과 역사를 말하는 돌덩어리입니다. 어디 고인돌만 그렇겠습니까? 세상에 보이는 것 모두가 보물 같은 존재입니다.

MOM's Travel Tip

국내에서 둘러보기 좋은 고인돌 여행지

고창, 화순, 강화 고인돌은 유네스코가 지정한 대한민국의 세계문화유산이다. 그중에서도 고창과 화순 고인돌은 보존상태가 좋고 분포밀집도가 높으며, 강화 고인돌은 형식이나 분포 위치 등에서 연구할만한 가치가 높아 일찍부터 주목을 받아왔다.

하나. 강화 고인돌

고려산 기슭을 따라 120여 기의 고인돌들이 분포해 있다. 표고 280m의 높은 곳까지 고인돌이 분포하고 있는 점이 특징이며, 화순이나 고창 고인돌과 달리 여러 지역에 흩어져 분포하고 있다. 북방지역이라 탁자식 고인돌이 주류를 이룬다.

둘. 고창 고인돌

동서로 약 1,764m 범위에 447기가 분포해 있다. 탁자식, 기반식, 개석식과 탁자식의 변형이라 할 수 있는 지상석곽형 등 다양한 형식이 있으며 채석장 유적도 발견되었다.

셋. 화순 고인돌

10㎞에 걸쳐 596기(효산리 277기, 대신리 319기)의 고인돌이 분포해 있다. 일반적인 고인돌보다 높은 곳에 위치해 있으며 숲속에 자리 잡고 있어 보존상태가 좋은 편이다. 100톤 이상의 대형 고인돌이 있다.

토론하는 힘을
길러주고 싶어요!

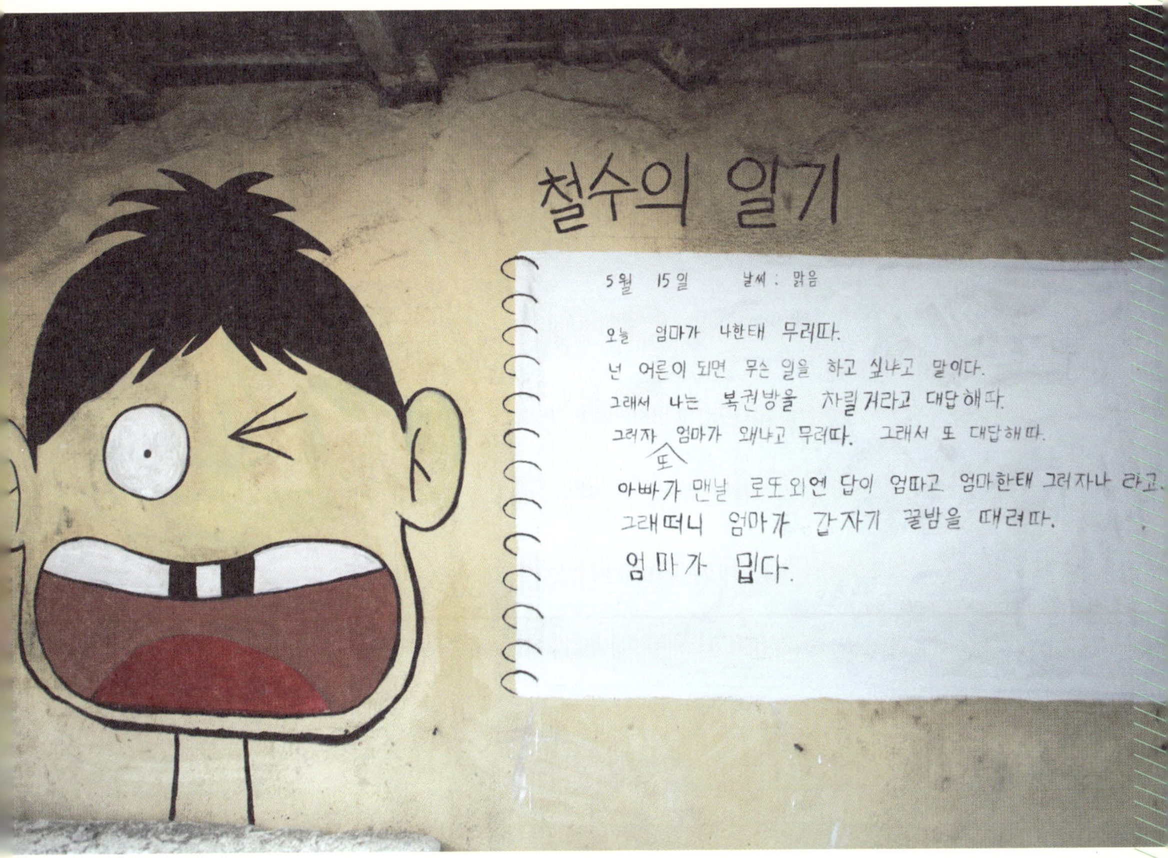

강화도에 가면 고려궁지(高麗宮址)가 있습니다. 고려궁(高麗宮)이 있던 자리지요. 경복궁이나 창경궁처럼 화려하지 않고 볼 것도 없지만, 정말로 많은 사람들이 찾습니다. 그만큼 역사적인 장소이고 생각할 것이 많은 곳입니다. 다시 말해, 토론하기 좋다는 뜻입니다.

아이들과 고려궁지를 찾는다면 무엇에 대해 토론하는 것이 좋을까요? 고려 조정의 강화 천도에 대해 이야기해보면 좋겠습니다.

"조선시대의 수도는?"

"한양!"

"그렇다면 고려시대의 수도는?"

"개성? 개경?"

아이들과 간단한 퀴즈로 시작합니다. 그런데 고려시대에 수도가 하나 더 있습니다. 바로 강화도입니다. 강화도는 고려시대의 수도였습니다. "아니 언제? 정말?" 이런 반응들이 나올 겁니다. 그래서 더욱 이야기는 재미있습니다.

고려시대에 고종(高宗, 1192~1259)이라는 임금이 있었지요. 고려 제23대 임금으로 중앙아시아 대륙에서는 칭기즈칸이라는 인물이 몽골족을 통일하고 중국대륙은 물론 동쪽과 서쪽의 여러 나라를 공격해 무서운 기세로 영토를 확장할 때입니다. 고려 고종 18년(1231년) 음력 8월, 몽골군이 압록강을 넘어 고려를 침략했고 12월에 개경은 포위당했습니다.

고려 조정은 개경성에 머물며 싸우거나 화해하자는 무리와 강화도로 천도

(遷都, 도읍을 옮김)하자는 무리로 나뉘게 되었어요. 이때 최우는 강화로의 천도가 옳다고 결정했습니다. 그리고 고종에게 강화 천도를 밀어붙였습니다. 최우는 고려 무신정권 시대의 인물 중 한 사람입니다.

문신들에게 무시당하던 무신들의 반란으로 시작된 무신정권은 그 기간이 무려 백여 년으로, 정중부-경대승-이의민-최충헌 등으로 이어졌고 최충헌이 구축한 강력한 독재체제는 자손에게 세습되며 4대 60여 년간 정권을 장악했습니다. 몽골이 고려에 쳐들어왔을 당시 고려의 임금은 고종이었고, 최고 실권자는 최충헌의 아들 최우였습니다. 최우는 천도를 강행하고 백여 개의 수레를 동원해 자신의 재산을 강화로 운반했습니다. 고종은 어쩔 수 없이 개경을 떠났고 고려 임금이 강화에 발을 들이며 강도(江都) 시대가 시작되었지요(1232년).

그런데 왜 하필 강화도로 옮겼을까요? 개경에서 하루만에 올 수 있을 뿐 아니라 강화도는 조수간만의 차가 심하고 물살이 거세, 육전(陸戰)에는 강하나 수전(水戰)은 경험이 없는 몽골군에게 난공불락의 요새였던 거죠. 강화도로 온 최우와 고종은 강화읍 관청리, 지금의 고려궁지 자리에 고려의 수도 개경에 있던 것과 같은 궁궐을 지었습니다. 전쟁 중이니 규모는 작았지만 강화도는 개경에 이어 고려의 수도인 강화경(江華京)이 되었고, 고려궁지는 임금이 정사를 보는 고려의 중심이자 39년간 몽골에 저항하는 중심지가 되었습니다.

그렇게 39년이 흘렀고, 결국 고종 46년에 태자 전(倎, 후일의 원종)이 몽골에 가서 강화(講和, 전쟁을 종료시키기 위한 합의)의 뜻을 표시하면서 사실상 몽골에 굴복해버립니다. 몽골은 항쟁을 단념한다는 표시로 궁궐과 성곽 등을 모두 헐게 하였고, 덕분에 지금 남아 있는 것이 하나도 없습니다. 그저 그 터만 덩그라니 남아 지난한 시간을 품고 있죠. 고종이 승하하고 무인정권이 몰락하면서 고려 조정은 개경으로 돌아갔고 삼별초(三別抄)의 항쟁이 시작되었습니다.

배경 설명이 꽤나 장황했는데요. 토론의 주제는 이 배경을 알아야 이해가 됩니다. 고려 조정이 강화도로 숨어 들어와 39년을 버티는 동안 육지에 있는 백성들의 고초는 말로 다 할 수 없었습니다. 몽골군은 집요하게 고려를 침략해 수많은 사람들을 죽이거나 포로로 끌고 갔으며, 문화재를 약탈하고 산천을 피폐하게 만들었죠. 왕과 조정은 백성을 버리고 섬으로 도망갔다는 비난을 면치 못했는데 백성을 버리고 간 조정은 그야말로 원망의 대상이었습니다.

우리는 현재 고려를 지나 조선, 그리고 대한제국을 거쳐 대한민국 국민으로 살고 있는데요. 당시 실세였던 최우의 강화 천도는 백성들보다 그의 정권을 유지하기 위함이 분명합니다. 하지만 강화로 천도했기 때문에 몽골과 싸울 수 있었고, 그 항쟁을 인정받아 몽골에 항복한 이후에도 나라는 망하지 않고 '고려'라는 이름을 전할 수 있었습니다.

만약 고려 조정이 개성에 남아 있었다면 어찌 되었을까요? 오래 저항하지 못하고 항복했을 가능성이 크지요. 그랬다면 고려 백성의 고통은 그리 심하지 않았을 것입니다. 아니면 몽골군의 말발굽 아래 이리저리 밟히다가 몽골의 속국이 되어 고려라는 나라가 영영 사라져 버렸을지도 모르겠습니다. 조선족처럼 중국의 변방족 혹은 중국인으로 살고 있을지도 모르고요.

당시 그들의 선택에 대한 역사적 판단은 쉽게 단정 지을 수가 없습니다. 아이들과 이야기를 나눠보세요. 몽골을 피해 강화도로 들어와 고려라는 나라의 명맥을 이어간 것이 잘한 선택일까요? 그래도 고려 조정이 개경에 남았어야 할까요? 이렇게 유적지 한 곳을 보고도 두 가지 입장을 가지고 재미있게 이야기를 나눌 수 있습니다. 역사를 공부해야 한다는 부담 없이도 아이들에게 토론하는 힘을 길러줄 수 있겠지요.

MOM's Travel Tip

역사토론 하기 좋은 추천 여행지

하나. 서울 세검정 _ '광해군은 정말 나쁜 왕이었나?' 추천 11~13세

세검정은 이괄, 이귀, 김자점 등이 조선시대 광해군의 폐위를 논하고 칼을 씻었다는 일화가 전해 오는 곳이다. 광해군은 인조반정으로 인해 왕의 자리에서 내려오는데, 과연 광해군은 반정으로 왕위에서 쫓겨날 만큼 정치를 제대로 하지 못한 나쁜 왕이었는지 아이와 이야기를 나눠보자.

둘. 전북 정읍 _ '동학농민운동이 성공했다면?' 추천 11~13세

1894년 1월 전북 정읍 고부에서 일어난 동학농민혁명은 호남지역을 석권하고 충청도까지 진출했지만 관군 및 청 · 일 세력에 의해 좌절되었다. 만약 프랑스 대혁명처럼 동학농민운동이 성공했다면 지금 우리나라는 어떤 모습일지 아이와 이야기를 나눠보자.

셋. 완도 _ '장보고가 염장의 칼에 죽지 않았다면?' 추천 10~12세

846년 장수 염장이 청해진 대사 장보고를 찾아온다. 의심 없이 염장을 맞이했던 장보고는 그의 칼에 목숨을 잃고 허무하게 인생의 막을 내린다. 만약 그때 장보고가 죽지 않았다면 역사는 어떻게 흘러갔을지 아이와 이야기를 나눠보자.

넷. 서울 경교장 _ '김구 선생이 안두희의 총에 죽지 않았다면?' 추천 8~11세

서대문에 있는 경교장은 김구 선생이 안두희의 총에 의해 최후를 맞은 곳이다. 남북은 하나의 나라가 되어야 한다고 주장하던 김구 선생이 죽음으로써 남한은 미국, 북한은 소련에 영향을 받으며 두 개의 나라가 되었다. 만약 김구 선생이 당시에 죽지 않았다면 현재 대한민국은 어찌 되었을지 아이와 이야기를 나눠보자.

놀다 보면
공부가 되는 여행을 하고 싶어요!

\# 울릉도 테마여행

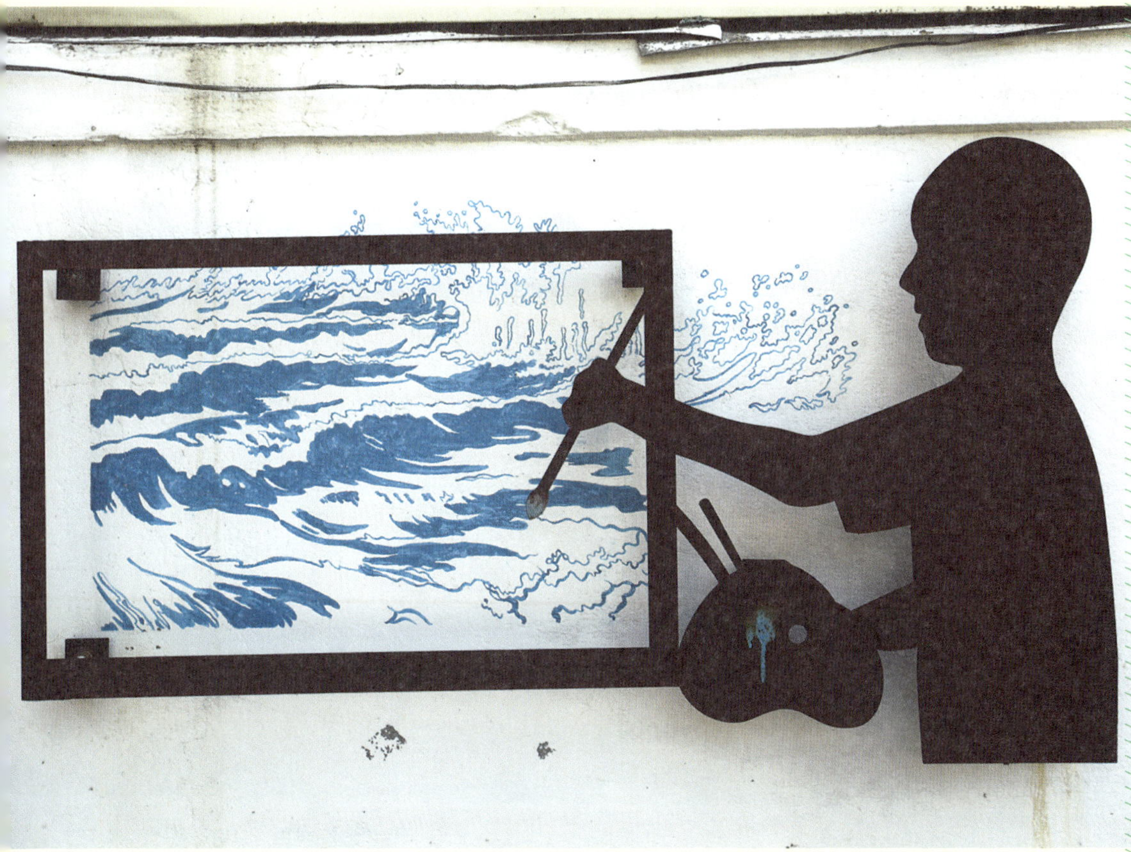

방학이 되면 아이들과 여행을 떠나게 되지요. 이럴 때 섬 여행도 좋은데, 도전 정신을 조금 더 발휘해 울릉도 여행은 어떨까요? 가능하다면 독도까지 다녀오면 좋고요. 아이들과 함께하는 것이니 오가는 시간과 배를 타는 것이 걱정되지만, 멀미약을 챙겨먹으면 괜찮습니다. 큰맘 먹고 떠나는 울릉도 여행, 많이 보고 맛난 것도 많이 먹고 즐겁게 다녀와야 하겠지요. 그런데 기왕이면 아이와 여행 테마를 하나 정하면 어떨까요?

"우리 울릉도 가는데 주제를 하나 정하고 갈까? 뭐가 좋을까? 우리 딸은 뭐 좋아해? 울릉도 하면 뭐가 생각나?"

글쎄요. 아이들이 무엇을 좋아할까요? 제 아이는 먹는 것을 참 좋아합니다.

"울릉도? 음…… 오징어?"

"그래? 그럼 이번 울릉도 여행의 주제는 오징어로 할까?"

오징어 여행! 자, 그럼 아이들과 울릉도로 오징어 여행을 떠나보겠습니다. 울릉도에 가려면 배를 타고 세 시간쯤 이동하게 되는데, 출발하고 나면 창밖으로 철썩이는 동해바다가 끊임없이 펼쳐집니다. 이럴 땐 배 위에서 아이와 유치환 선생의 시 〈울릉도〉를 한 번 읽어봐도 좋겠습니다.

"동쪽 먼 심해선(深海線) 밖의 한 점 섬 울릉도로 갈거나."

동그란 여객선 유리창에 부딪치는 바닷물이 또르르 알갱이가 되어 흐르듯, 영롱한 시 구절은 앞으로 다가올 울릉도에 대한 기대와 설렘을 배가시킵니다. 이때 배 안에서 신명 나는 노래가 들려오네요.

울렁울렁 울렁대는 가슴 안고

연락선을 타고 가면 울릉도라

뱃머리도 신이 나서 트위스트

아름다운 울릉도 (중략)

오징어가 풍년이면 시집가요

오징어가 풍년이면 시집간다는 구절에 아이들이 '풋' 하고 웃습니다. 이 노래 구절에 심오한 세상 이치가 들어 있다는 것을 아이들이 알까요? 육지에서는 혼담이 오가면 벼농사가 끝나는 가을, 추수한 다음에 혼례를 올리자 합니다. 봄부터 여름까지는 일손이 모자라기도 하지만 혼인을 하려면 돈이 필요하니 추수해서 목돈을 마련한 뒤 편안한 마음으로 혼례를 올리자는 것이죠. 그래서 풍년을 간절히 소망합니다.

울릉도는 육지가 아닌 섬이니 논농사보다는 물고기잡이가 주된 곳이고, 특히 울릉도는 오징어잡이가 주업입니다. 울릉도의 오징어잡이는 육지의 논농사와 같다고 할 수 있지요. 오징어를 많이 잡아 결혼 밑천을 두둑이 챙겨야 하니 풍어가 되기를 기원하고, 그래서 '오징어가 풍년이면 시집가요'라는 노랫말이 나왔습니다. 〈울릉도 트위스트〉의 노래가사에는 울릉도의 산업구조와 울릉도 사람들의 관혼상제 풍습이 모두 담겨 있어요. 노래를 들으며 바라보는 동해의 푸른 물속엔 오징어가 이리저리 헤엄치며 다닐 것이니, 울릉도로 가는 동해바다는 오징어가 사는 곳이기도 합니다.

울릉도에 도착하면 도동항입니다. 도동항에서는 오징어를 널어 말리는 멋진 광경이 펼쳐집니다. 끝 모를 오징어 말리기 퍼레이드에 오징어를 원 없이 실컷 볼 수 있지요. '탱'이라 부르는 대나무 막대기를 이용해 가슴을 쫙 펴고 다리는

얼핏 보면 남들과 별반 다르지 않은 울릉도 여행입니다.

그러나 어디에 어떻게 관심을 두느냐에 따라 관심사와 집중도, 보는 관점이 달라집니다.

곧고 길게 펴서 '쭉쭉 빵빵' 미스코리아 자태를 만듭니다.

오징어 파는 아주머니들이 슬금슬금 다가와 '피데기' 한 조각을 건넵니다. 피데기는 '반건조 오징어', 즉 수분이 반 정도 남아 있는 오징어로 씹는 맛이 아주 좋습니다. 하지만 바짝 말린 건조 오징어에 비해 저장성이 떨어지죠. 육지로 보낼 수 없기에 울릉도 사람들만 먹던 '울릉도 오징어의 참맛'이라 할 수 있습니다. 요즘은 냉동기술이 발달하고 배 운항이 빈번하며 운행시간이 단축되어 전국 어디서나 즐길 수 있게 되었지요. 교통수단의 발달과 지역의 특산물인 피데기 유통의 상관관계가 연결되는 이야기입니다.

이제 섬 구경을 합니다. 울릉도 만물박사이자 움직이는 백과사전인 버스 운전기사의 배꼽 빠지는 이야기를 들으며 울릉도 구석구석을 구경하고, 호박엿 공장에 들르고, 내수전과 원시림을 걷고, 해상관광으로 죽도도 돌아봅니다.

구경을 하다 보니 배가 출출한데요. 도동항 근처에는 식당들이 많습니다. 다양한 음식을 파는데 오징어 물회, 속이 꽉 찬 오징어 순대, 속 시원한 오징어 내장탕……, 신선한 재료로 만든 오징어 관련 음식이 입에 착착 붙습니다. 아이들이 교과서에서만 보던 향토음식을 접할 수 있는 것이지요.

얼핏 보면 남들과 별반 다르지 않은 울릉도 여행입니다. 그러나 어디에 어떻게 관심을 두느냐에 따라 관심사와 집중도, 보는 관점이 달라집니다. '오징어'라는 주제를 가지고 떠난 울릉도 여행에서 동해바다는 오징어의 서식지이므로 첫째로 생물과목과 관련이 있습니다. 배에서 들은 〈울릉도 트위스트〉는 이 지역 주민들의 관혼상제와 생활상이 담긴 음악과목, 유치환의 시는 국어과목, 도동항은 지역특산물인 오징어의 생산지이며 피데기와 마른 오징어는 교통의 발달과 지역경제의 변화에 해당됩니다. 울릉도 여행 자체는 지리과목이니 어느 것 하나 아이들 공부와 연관되지 않는 것이 없습니다.

이제 돌아본 곳과 찍은 사진을 정리해보세요. 여름방학 숙제로 제출하기에
도 매우 훌륭하겠죠? 아이들도 분명 재미있어 했을 것입니다.

MOM's Travel Tip

울릉도 테마여행의 학습주제들

하나. 동해바다

배가 지나는 동해바다는 오징어의 서식지이므로 생물과목과 연계해 아이들과 학습할 수 있다.

둘. 울릉도

유치환의 시 〈울릉도〉를 읽으며 대화를 나누면 울릉도에 대한 문학적 접근이 가능하며, 이는 국어과목과
관련이 있다.

셋. 도동항 오징어 건조장

지역특산물인 오징어에 대해 이야기를 나누면 사회
과목과 연계할 수 있다.

넷. 피데기 vs 건조 오징어

같은 오징어이지만 다른 먹거리인 피데기와 건조 오
징어를 먹어보며 교통발달과 유통구조에 따른 소득
변화에 대해 이야기를 나눌 수 있고, 이를 통해 자연
스레 경제공부를 할 수 있다.

다섯. 오징어 요리

울릉도에서는 지역특산물인 다양한 오징어 요리를 만날 수 있다. 지역 먹거리에 대한 이야기를 나누면 가
정과목과 연계할 수 있다.

여섯. 울릉도 버스투어

버스투어로 울릉도의 곳곳을 돌아보며 한국의 관광자원에 대해 이야기할 수 있고, 이는 지리과목과 연계
가 가능하다.

일곱. 내수전과 원시림

섬인 울릉도의 독특한 자연환경을 둘러보면 생태에 대해 이해할 수 있고, 이는 곧 환경공부로 이어진다.

11
TRAVEL

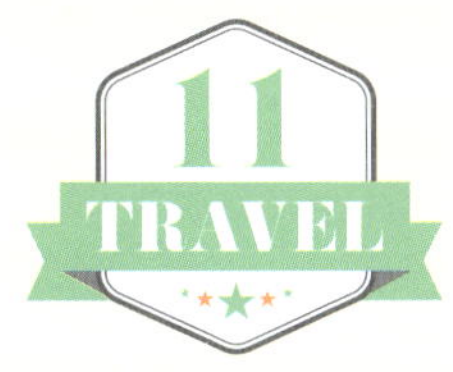

건축물에 대한 흥미를 키워주고 싶어요!

건축여행

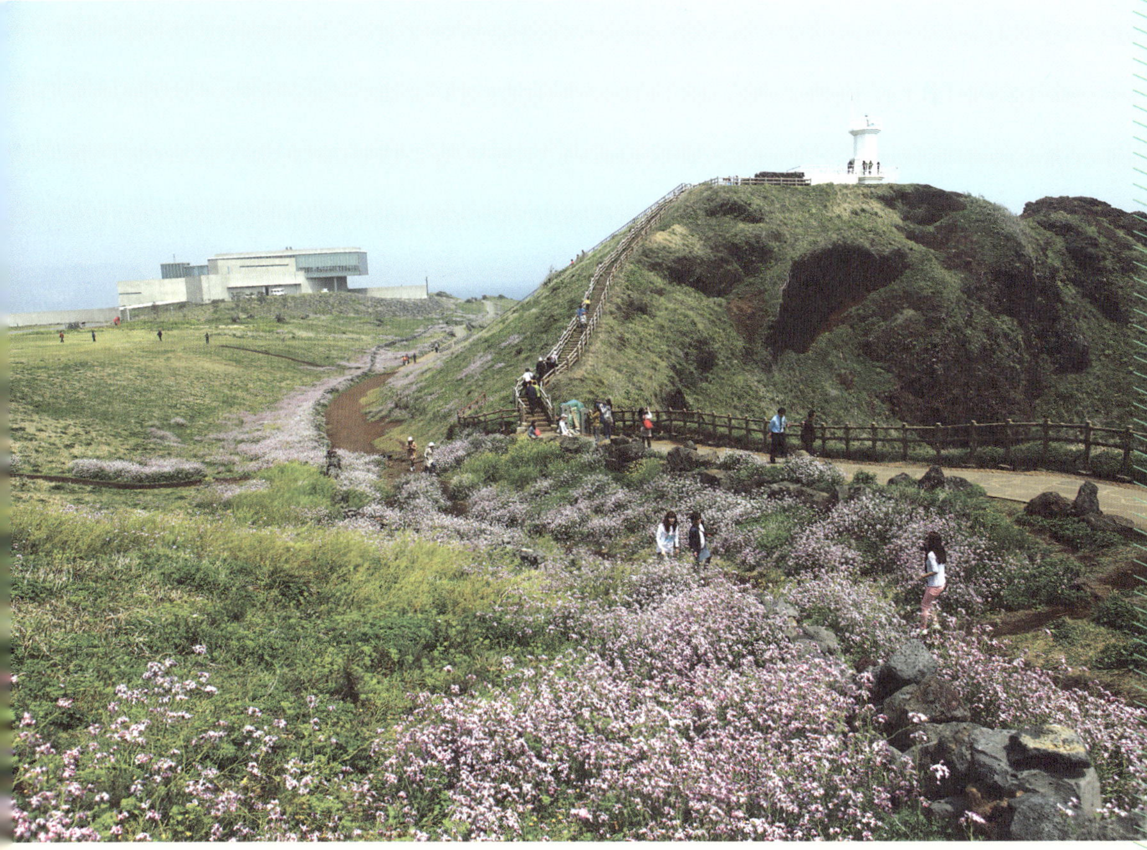

많은 이들이 안토니오 가우디의 천재적인 영감이 번뜩이는 스페인으로 건축 기행을 떠나듯, 멋진 건축물은 자리매김만으로도 그 존재의 가치를 갖습니다. 제주도에도 내로라하는 건축물이 많아 유채꽃이 흐드러지게 핀 날 제주도를 찾았습니다.

처음 찾은 곳은 섭지코지. 두 명의 건축가가 설계한 세 개의 건축물을 만날 수 있습니다. 섭지코지 등대 가는 길에 만나게 되는 안도 다다오의 작품은 〈지니어스 로사이〉와 〈글라스 하우스〉입니다. 〈지니어스 로사이〉는 명상의 공간으로 '이 땅을 지키는 수호신'이란 뜻을 담고 있죠. 곁에서 보면 땅에 바짝 엎드린 듯한 모습의 건물인데, 넓적한 콘크리트 건물 안으로 들어가면 돌의 정원, 건물 안에 담긴 자연, 미디어아트 등으로 구성되어 있습니다.

제주의 돌인 현무암 벽에 바람의 통로가 만들어져 있고, 그 사이로 제주의 들과 말과 성산일출봉이 보입니다. 마치 우주인이 만든 공간과 시설물 안에 제주의 자연을 전시한 듯 약간은 신비로운 느낌입니다. 인공물로만 보이는 건물인데 자연을 담고 있는 아이러니가 있습니다.

〈글라스 하우스〉는 노출 콘크리트와 유리로 이루어진 기하학적인 외양을 하고 동쪽 바다를 향해 90도로 앉아 있습니다. 너무 큰 덩치로 주변을 눌러 버리는 이질적인 느낌을 준다는 비난도 받고 있죠. 원시의 제주 자연 위에 태양계 어느 별에서 온 UFO가 내려앉은 듯해서, 사차원을 담은 영화 속 풍경 혹은 〈혹성탈출〉 시리즈 중 일부를 떠올리게 합니다. 그런데 어딘가 특별합니다. 봄이면 제주 곳곳을 덮어버리는 무꽃이 지천으로 피어나는 야생의 제주와 현대적이고 기하학적인 건축물은 묘한 상생의 모습을 보여줍니다.

섭지코지 길목에 자리한 〈아고라〉는 서울 강남 교보문고를 설계한 스위스 건축가 마리오 보타의 작품으로 낮에는 태양의 기운을, 밤에는 별빛을 나누는 유리 피라미드 모양입니다. 제주 바닷가에 이집트 피라미드 모양의 건축물이 들어선 이유는 무엇일까요. 문득 마리오 보타가, 혹은 안도 다다오가 한쪽 구석에 앉아 햇살에 반짝이는 섭지코지의 바다를, 달빛에 출렁이는 보라색 무꽃밭과 노란색 유채 밭을, 낮이고 밤이고 바라보며 고민하는 모습이 떠오릅니다.

이제 제주의 속살, 내륙으로 향해 보지요. 한라산 중산간에 또 한 무리의 건물들이 자리합니다. 재일동포 출신의 건축가 이타미 준의 작품들로 〈제주 비오토피아〉 내에는 제주의 아이콘을 테마로 한 네 개의 미술관이 있습니다. 돌 미술관, 물 미술관, 바람 미술관, 그리고 두 손 미술관입니다. 근처 방주교회는 성경에 나오는 '노아의 방주'를 모티브로 지어진 건축물입니다. 자갈을 깔고 그 위에 물을 흘리고 건물을 어우러지게 했는데요. 저녁 노을이 물들고 바람에 물이 찰랑이며 나뭇가지가 흔들리면, 기나긴 홍수가 끝나 어린 올리브 잎을 문 비둘기가 방주로 돌아오는 광경과 흡사해집니다.

서귀포 추사유배지에 세워진 추사관은 승효상의 작품이고, 소정방폭포 위의 〈소라의 성〉은 김중업이 설계한 건물입니다. 제주 옷인 갈옷 색이기도 하고, 제주 명품 흙인 송이 흙색이기도 한 다음스페이스닷원의 갈색 건물도 지나는 이의 눈길을 끕니다. 유석연의 젊은 건축가상 수상작, 한기영의 2008 건축문화대상 우수상 수상작, 성이시돌목장의 〈테쉬폰〉 등 길 가다 들르기 좋은 건축기행지는 제주의 또 다른 매력이며 설렘입니다.

제주의 건축물들은 사고의 전환, 문화의 충돌, 자연과 인공의 융합을 시각적

으로 보여주는 도전의 장이란 생각이 듭니다. 현무암 돌담에 기대 선 유채의 흔들림, 중산간 초원에서 만난 제주의 말들, 성산일출봉을 바라보기 좋은 광치기 해변, 곶자왈의 고사리, 모슬포항의 배와 물결에 몸을 맡긴 어선들……. 이런 풍경들과 함께 제주의 바람과 건물과 그 속의 사람들이 같은 시간 속에 공존합니다.

우리는 누구나 집이라는 건물 속에 살고 있지요. 아이들은 학교와 학원이라는 건물, 아빠는 회사라는 건물을 매일 접합니다. 태어나서 죽을 때까지 건물과 건축을 마주합니다. 가족들과 제주를 여행하는 사람들이 참 많지요. 해서 제주로의 건축기행을 소개해보았습니다. 건축기행을 한 번 하고 나면 아이들도 건축에 관심이 생깁니다. 우리 아이들 중엔 분명 미래의 위대한 건축가가 있을 겁니다. 20~30년 후 제주 건축기행을 떠날 때는 우리 아이들의 작품을 많이 만났으면 좋겠습니다.

MOM's Travel Tip

건축여행에 도움을 주는 책들

하나. 《딸과 함께 떠나는 건축 여행》
건축평론가 이용재 선생님의 책으로 베스트셀러 시리즈다. 딸과 함께 전국의 건축물을 찾아다니며 역사와 건축기술 등에 대해 대화하듯 풀어놓았다. 아버지와 딸의 대화도 유쾌하다.

둘. 《우리건축 서양건축 함께 읽기》
동양과 서양, 전통과 현대를 폭넓게 아우르는 건축사학자 임석재 씨의 책이다. 동서양의 비교와 인문학적 성찰이 돋보인다. 건물의 구성요소에서는 지붕과 처마, 나무와 기둥, 구조미학, 돌과 담, 문과 상징, 건축의 구성원리도 흥미롭다. 책은 두툼하지만 가독성이 좋다.

12
TRAVEL

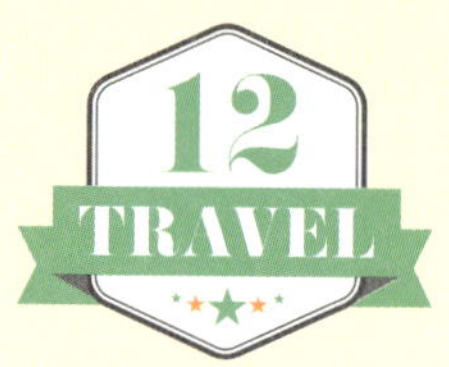

여행할 때 어떤 질문을 주고받아야 하나요?

문화콘텐츠 여행

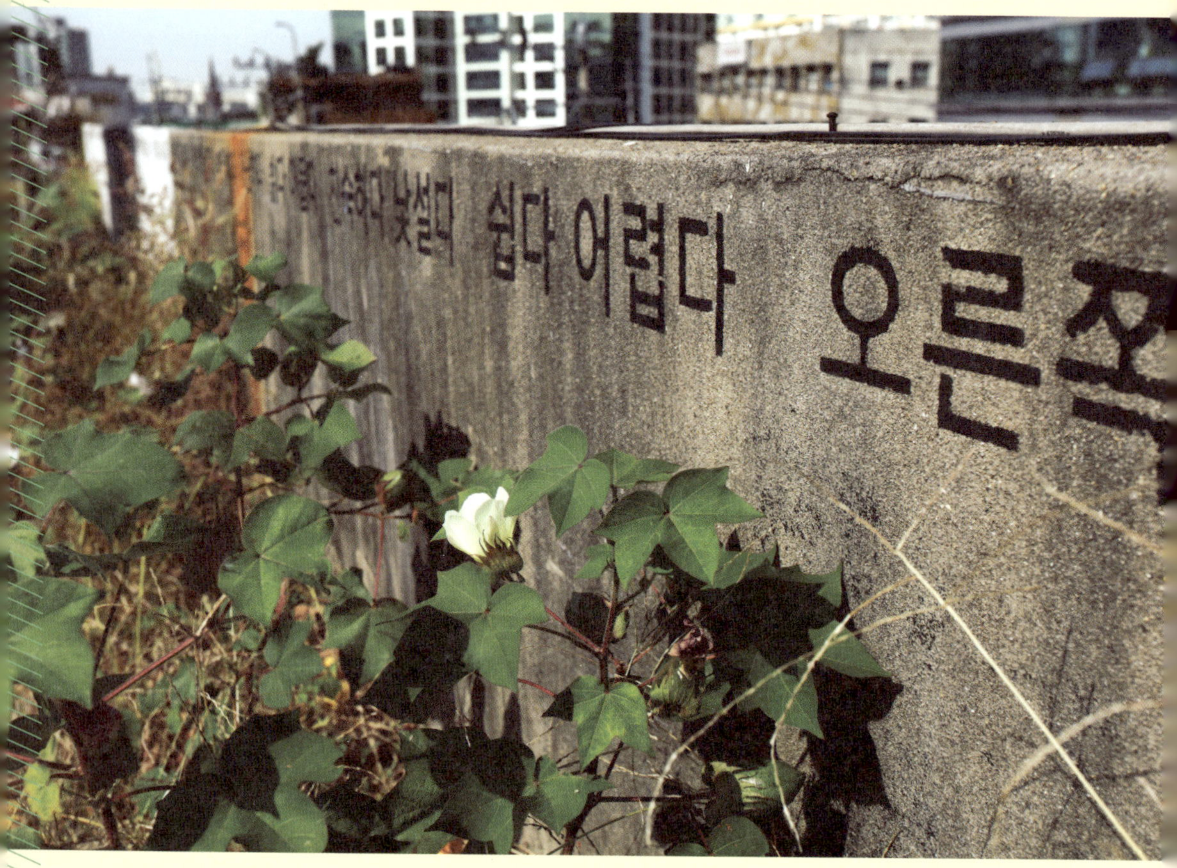

"엄마, 저 외국 사람들은 여기에 왜 왔어요?"

아이들과 함께 가는 여행지 중에서도 춘천 남이섬은 베스트 여행지 중 하나입니다. 배를 타고 들어가는 즐거움과 더불어 동화 같이 작고 예쁜 섬은 아이들에게 행복감을 느끼게 하니까요. 짚와이어(zipwire)를 타고 물길이 아닌 하늘길로 날아 들어가는 즐거움도 추가되었죠. 타조가 같이 사진 찍자 쫓아다니고, 청설모의 갑작스런 출연에 즐거움이 배가되는 동화 속 섬이 바로 남이섬입니다.

남이섬에 가서 아이들과 무슨 얘기를 하면 좋을까요? 대부분은 드라마 〈겨울연가〉 이야기를 하게 됩니다. 남이섬은 윤석호 감독의 KBS 드라마 〈겨울연가〉의 주요 촬영지로 한류열풍을 일으킨 곳이지요. 그 덕에 주인공인 배우 배용준과 최지우의 동상이 보이고 안내판도 많이 있습니다. 엄마들은 얘기해 줍니다. '남이섬은 드라마 〈겨울연가〉의 촬영지'라고. 그리고 설명 끝.

맛있는 것 먹고 멋진 풍경을 보는 것도 좋지만, 아이들은 즐거운 분위기 속에서 나눈 대화들을 좋아하고 그것이 즐거운 기억으로 남습니다. 더불어 질문도 많아지는 법이지요.

"엄마 저 사람은 누구예요? 우리나라 사람이 아닌 것 같아요."

"그러네. 어느 나라 사람인 것 같아?"

아이는 자신이 알고 있는 나라들을 하나씩 나열합니다. 일본, 중국, 필리핀, 인도네시아……. 벌써 즐겁지 않나요? 나중에 집에 가서 아이와 함께 지도를 하나씩 짚어보면 더 좋습니다.

"하는 얘기들을 잘 들어봐. 어느 나라 사람인 것 같아?"

언어로 나라를 유추해보라고 하세요. 혹은 직접 가서 한 번 물어보라고 해도 좋습니다.

"Where are you from?"

이런 질문은 어릴수록 더 잘합니다. 만약 아이가 답을 듣고 오면 부모는 더없이 기쁘겠지요. 혹 대화라도 몇 마디 나누고 오면 더욱 좋을 겁니다.

"그럼 저 사람은 밥 먹고 물건 살 때 돈을 어떻게 해요. 우리나라 돈이 있을까요?"

그럼 돈을 바꾸어야 한다고 설명해야 하니, 이때 환전의 개념이 자연스럽게 등장합니다.

"돈은 어디서 바꿔요?"

은행과 공항 이야기가 줄줄이 이어집니다.

혹 아이가 초등 고학년이라면 환차, 그러니까 달러나 외국 돈을 사고팔 때 환율의 차이에 의해 생기는 이익이나 손실에 대해서도 이야기해줄 수 있겠네요. 전문용어는 어려우니 뺀다고 해도 의미 정도는 전달이 되겠지요. 요즘은 외국여행을 많이 하니까요. 혹시 아나요? 아이가 나중에 증권가의 유능한 금융전문가가 될지요.

〈겨울연가〉라는 드라마, 즉 문화콘텐츠가 가진 힘에 대해서도 얘기를 해줄 수 있습니다. 많은 관광객들이 드라마 때문에 한국을 찾고, 또 드라마에 등장했던 멋진 장소를 직접 방문합니다. 이들이 와서 먹고 자고 물건을 사게 되니, 이는 외화획득의 한 방법이죠. '외화획득'이라고 하면 자동차를 만들어 팔거나 핸드폰을 팔아 벌수 있는 것으로만 생각하기 쉽습니다. 하지만 드라마나 영화

하나 잘 만들면 세계 여러 나라로 수출해 외화를 벌어들일 수 있음을 알게 될 겁니다. 바로 눈앞에서 외국인과 그들이 돈을 내는 것을 볼 테니까요.

또 외국관광객이 남이섬을 찾고 돈을 써서 주변의 식당과 숙소, 기념품점과 카페가 돈을 벌게 되니 이는 2차적인 수입창출이 됩니다. 한류의 주역인 윤석호 감독이나 배용준, 최지우 등에게 직접적인 수익이 발생하지는 않지만, 지역경제를 살리고 오랫동안 지역 사람들에게 도움이 되니 옛 어르신들의 말씀을 빌리자면 '덕(德)'을 쌓는 것이 아니겠습니까? 연말이면 불우이웃돕기 성금을 내고 겨울에 연탄을 지원하는 것만이 이웃과 내 사회에 봉사하고 도움을 주는 것이 아닙니다. 문화콘텐츠를 통해서도 충분히 다른 사람을 돕고 공생할 수 있음을 아이들에게 보여주는 좋은 기회가 됩니다.

그리고 한 마디를 덧붙여도 좋겠습니다. '어른이 되어 근사한 문화콘텐츠를 생산하면 그로 인해 도움을 받을 사람들이 많이 생기니까 훌륭한 사람이 되는 것'이라고요. 그렇게 여행을 통해 문화콘텐츠를 만들어볼 꿈과 희망을 아이에게 심어주세요.

"진정한 여행이란 단순히 새로운 풍경을 보고 오는 것이 아닌, 새로운 시야를 갖는 것이다."
– 마르셀 프루스트《잃어버린 시간을 찾아서》의 저자) –

"The real voyage of discovery consists not in seeing new landscapes, but in having new eyes"

여행을 통한 문화 읽기, 어떻게 할까요?

골목여행

젊은 시절에는 유럽이 참 좋았습니다. 그곳의 예쁜 건물과 사람들과 카페와 웃음이 좋았습니다. 그러다 유럽의 예쁜 골목에 매료되었죠. 그 정점은 체코의 프라하였습니다. 프라하에 가면 프라하 성을 보고 나서 '황금소로(Golden lane)'를 둘러보게 됩니다. 파스텔 톤의 예쁜 집들이 늘어서 있는 좁은 골목길은 일곱 난쟁이의 집처럼 작고 앙증맞은데, 원래는 프라하 성을 지키는 병사들의 막사였지요. 이후 16세기 후반 연금술사와 금은 세공사들이 살면서 '황금소로'라 불리게 되었고, 이 골목 22번지는 프란츠 카프카(Franz Kafka)의 집필실로《성(城)》을 완성한 공간이기도 합니다.

500년이 지났지만 16세기의 모습을 간직한 골목과 건물에서 중세의 기념품을 팔고, 당시의 이야기를 전합니다. 황금소로에는 몸을 구부리지 않으면 드나들기 힘든 작은 집들이 늘어서 있습니다. 그동안 불편해서 어찌 살았을까요? 작은 체구의 동양인인 저도 이렇게 불편한데 그 오랜 세월 건물과 구조가 그대로입니다. 기술이 부족하거나 돈이 없어서 손을 대지 못했을까요? 그건 아닐 겁니다.

영국 호텔에서도 비슷한 느낌을 받았습니다. 엘리베이터가 좁고 계단이 많으며 객실이 세련되거나 편하지 않았습니다. 하지만 그들은 100년, 200년이 되었다며 자긍심을 보이고 머무는 사람들은 고개를 끄덕이며 불편을 감수합니다. 편리함보다 '시간의 흐름'이 가진 가치를 더 높이 평가하고 있는 것이지요.

프라하의 황금소로처럼 골목이라는 곳은 우리가 다시 생각해보아야 할 공간입니다. 어느 골목에 열 집이 있다고 가정해보겠습니다. 4인 가족을 기준으로 한다면 40명의 주민이 거주하겠지요. 만약 열 집을 싹 밀어버리고 10층짜리 주상복합을 세운다면, 훨씬 많은 수의 사람이 살 수 있고 임대료 등의 경제적인 결과물도 숫자로 보일 것입니다.

이런 주상복합 건축 계획서는 설득력이 있고 행정적인 일 처리도 어렵지 않을 것입니다. 반대의 경우를 가정해볼까요? 골목과 건물들을 그대로 두고 이런저런 사업과 활동으로 브랜드 가치를 높이고, 또 시간이 지나면서 세월의 가치를 인정받겠다고 한다면 전자보다 추진하기가 어려울 것입니다. '문자'로는 설명을 할 수 있지만 '숫자'로 증명하기가 힘듭니다.

하여 지금 서울은 골목들이 점차 사라지고 있고 새로운 건물이 우뚝우뚝 섭니다. 새마을운동으로 모든 것을 새로 짓던 시절이 있었지만, 그때는 그 자리에 집만 다시 지었기에 구불구불 골목길과 사는 사람들은 그대로였습니다. 하지만 지금은 다릅니다. 대단위 동네 하나를 깡그리 밀어버리고 새로운 길을 내고 새로운 건물을 올립니다. 이러다가 대한민국은 아파트 공화국이 될 것 같습니다. 더욱 슬픈 건 그렇게 다시 지은 집에서 그 동네 살던 사람들의 얼굴 찾기가 쉽지는 않다는 것입니다. 결국 집도 사람도 길도 모두 사라져버리고, 낯선 공간만 우뚝합니다.

아이들의 관점에서도 살펴보겠습니다. 아파트 앞과 골목 앞에 아이들을 각각 세워놓으면 어떤 결과가 나타날까요? 아이들은 골목을 선호합니다. 아파트는 들어가 보지 않아도 네모난 형태의 구조가 눈에 보이고, 또 한 집만 들어가 보면 그 다음의 흥미는 없습니다. 하지만 골목은 이리저리 꺾이며 예측 불허의 공간과 상황이 나타납니다. 한 후배가 그러더군요. 아이들을 데리고 통영에 갔다가 이름 모를 골목에서 아이들이 한참을 놀며 무척 좋아하더라고요. 그만큼

아이들에게 골목은 호기심의 대상이고 이야기가 가득한 곳입니다.

아이들에게 골목은 호기심의 대상이고 이야기가 가득한 곳입니다.

　어느 나라든 유명한 곳은 대부분 오래되었습니다. '몇백 년'이라는 존재감이 큰 역할을 합니다. 우리 것이 좋은 것이라 말하고 전통은 보전해야 한다고들 합니다. 그러면서 새로이 아파트를 짓고 40년 후엔 재개발을 합니다. 조선시대에 지은 건물도 지금껏 건장한 것들이 많은데, 21세기 대한민국에서 지은 건물의 수명은 40년 내외라는 것이 이해하기 힘듭니다. 기술과 재료와 인력, 그 어느 하나 부족한 것이 없는데 말입니다. 어디에서 해법을 찾아야 할까요?

　옛사람들은 나무를 베어 6개월간 바닷물에 담갔다가 꺼내고, 또 그만큼 말렸다가 다시 바닷물에 담갔다 하더군요. 지금과 과거가 다른 점은 시간, 그것이었습니다. 우리는 시간의 가치를 생각할 여유가 없습니다. 단시일에 보이는 경제적인 잣대가 더 우선합니다. 100년의 시간이 깃든 공간이 중요한 건 알지만, 한 골목을 없애기 전에 골목의 100년 후는 생각키 어렵습니다. 현재를 사는 우리에게 100년이라는 시간은 너무 큰 여유와 희생을 요구하는 것일까요?

　과거에는 한 나라의 위상을 판단하는 기준이 경제적과 군사력이었다면, 이제는 문화가 그 판단 기준이 된다 하였습니다. 문화가 무엇이기에 국가의 위상을 좌지우지할 정도의 힘을 가지고 있을까요? 문화란 그 민족만의 독특함이며, 살아온 방식이며, 힘의 근간입니다. 서울 종묘 옆에는 '순라길'이 있습니다. 종묘와 궁궐을 지키기 위해 순라군들이 딱딱이를 치며 순라를 돌던 곳입니다. 그 옛날에는 순라군들이 머물던 막사가 있었을 것이니 어찌 보면 황금소로와 비슷한 길입니다. 일제강점기나 전쟁 등의 상황이 있었지만, 잘 보존했으면 황금소로보다 더 멋진 모습일 텐데 하는 아쉬움이 남습니다.

　황금소로보다 더 멋진 이야기와 삶이 서울의 피맛골에 있고 순라길에 깃들어 있습니다. K-pop이 전 세계를 뒤흔들면서 한류열풍으로 한글을 배우고, 온

돌을 궁금해하며, 한국 것이라면 무조건 좋아하는 사람들이 있습니다. 그들에게 우리의 피맛골과 순라길은 황금소로보다 멋진 곳일 겁니다. 우리가 가진 골목은 우리가 살아온 역사이며, 흔적이며, 문화이기 때문입니다.

골목에 아이들과 함께 만나면 좋은, 획일화되지 않은 문화콘텐츠가 켜켜이 쌓여 있습니다. 감히 숫자로 값을 매길 수 없는 보물입니다. 또한 그것은 우리 아이들이 다음 세대에 사용할 자산입니다. 그런데 지금 이 순간에도 골목이 하나둘 사라져가고 있으니, 우리가 아이들의 자산을 마음대로 없애고 있는 건 아닌지 생각해봐야 합니다.

MOM's Travel Tip

아이들과 돌아보면 좋은 골목길

하나. 부산 감천동 문화마을 추천 5~7세
'레고마을'이라고도 불리는 곳. 건물들이 색색으로 예쁘게 칠해져 있고 어느 골목으로 가도 모두 통한다. 부산의 달동네 마을이었지만 지금은 관광 코스가 되었고, 스탬프를 찍으며 재미있게 돌아볼 수 있는 부산의 명소다.

둘. 서울 이화동 골목길 추천 6~7세
이화동 벽화마을로 불리며, 벽마다 아기자기하고 예쁜 벽화들이 가득하다. 모 TV 프로그램에 소개되면서 인기를 얻은 곳. 이화동사거리에서 굴다리길 방향에 있는 송림 아마레스부터 골목길이 시작된다. 서울 성곽길로 이어지니 낙산공원을 거쳐 대학로로 내려오면 좋다.

14
TRAVEL

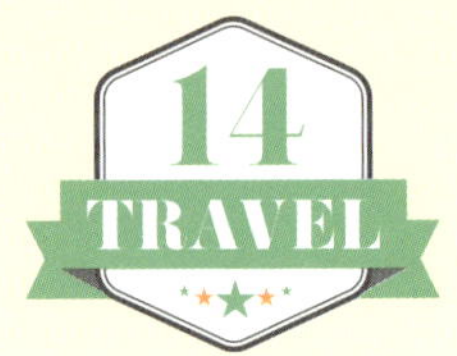

여행에도 좋은 여행과 나쁜 여행이 있나요?

공정여행

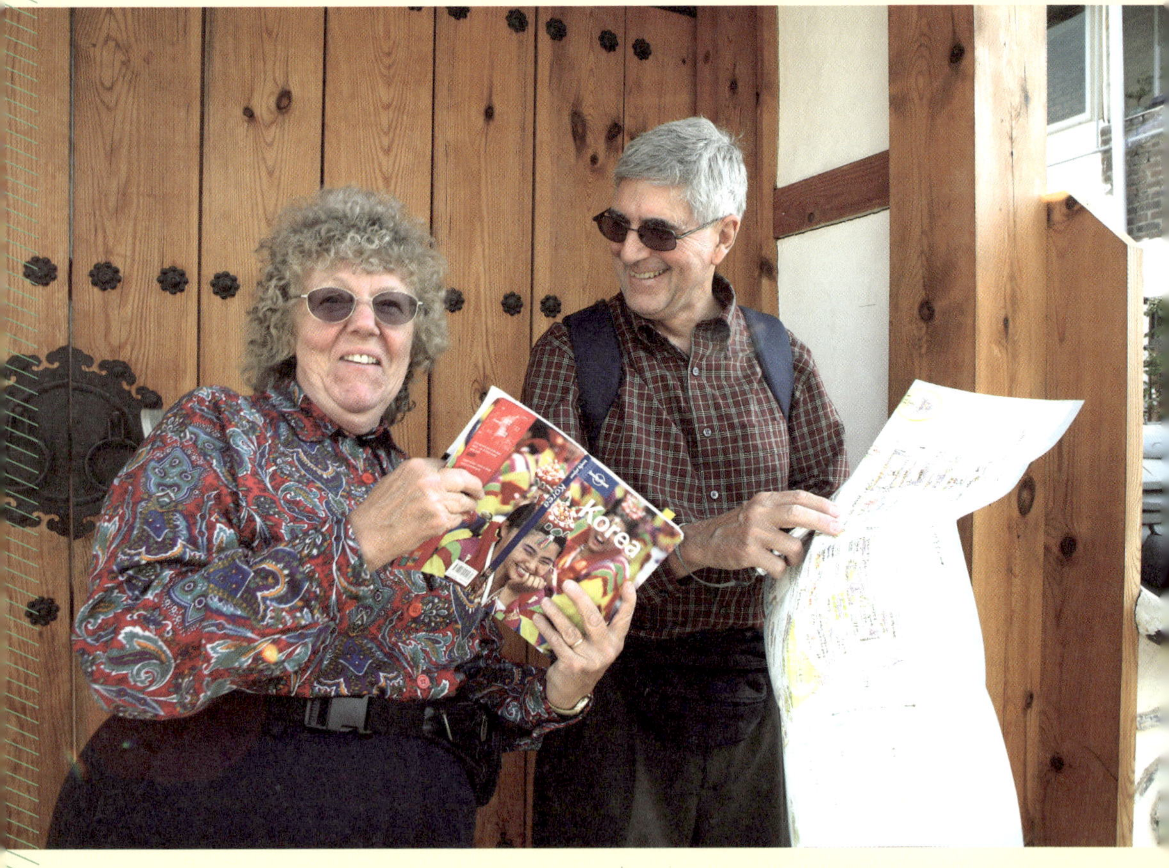

여행에도 좋은 여행과 나쁜 여행이 있을까요? 그건 잘 모르겠지만 '착한 여행'은 있습니다. '착한 여행'의 다른 말은 '공정여행'입니다. 공정여행이라는 말을 들어 보셨나요? 즐기기만 하는 여행에서 초래되는 환경오염, 문명파괴, 낭비 등을 반성하고 현지 주민들에게 조금이나마 도움을 주자는 취지에서 시작된 것이 바로 공정여행입니다. 생산자와 소비자가 대등한 관계를 맺는 공정무역에서 따온 개념이죠. 무슨 얘기인지 좀 더 살펴보겠습니다.

동남아의 어느 리조트로 여행을 간다고 가정해보지요. 여행사에서 주선한 프로그램에 따라 비행기를 타고 대형버스로 이동해, 멋진 리조트에서 깨끗하고 편안한 잠자리와 맛난 식사를 즐기고, 해수욕과 스파를 즐기며 시내를 돌아보는 로컬투어를 하고 돌아옵니다.

우리가 지불한 돈은 어떻게 사용될까요? 여행사에, 항공사에, 현지 리조트에, 그리고 안내원에게 지불되겠지요. 그러나 정작 동남아의 그 나라 국민에게 돌아가는 돈은 지극히 적고, 오히려 환경오염만 가중될 뿐이라는 분석이 있습니다. 그래도 리조트나 현지인 가이드에게 돈이 지불되지 않느냐고요? 물론 지불되지만 전체 금액으로 봤을 때 미미하다는 것입니다.

국내여행도 마찬가지입니다. 45인승 버스를 타고 지방으로 가는 단체여행을 생각해보겠습니다. 현장에 도착해서 구획화된 관광명소에 내려 정해진 시간만큼 구경하다가 다시 이동합니다. 식사는 45명이 동시에 먹을 수 있는 대형식당을 이용하고 호텔에 묵습니다. 즐겁게 여행을 다니지만 여행을 가는 지역의 주민들에게는 얼마의 수익이 발생했을까요? 여행사, 대형식당, 관광명소, 숙소 모두 현지인과는 관계없는 시설인 경우가 많습니다. 오히려 해당지역에는 쓰레기만 남겨질 뿐이지요.

여행이란 다른 지방을 다니면서 그곳의 풍경을 보는 것뿐만 아니라, 그곳 사람들은 무엇을 먹고 무엇을 입고 어떤 생각을 하는지 소통하는 것입니다. 하지만 요즘의 여행은 현지인과 소통할 수 있는 시스템이 아닙니다. 오히려 격리가 되었다고 할까요? 어느 순간부터 여행이 여행을 떠나는 기본 취지와 멀어져 있습니다.

비단 여행사를 통한 단체여행에만 해당하는 것이 아닙니다. 지방의 섬이나 농촌마을로 가족여행을 가는 경우가 있지요. 대형 마트에서 여행기간 사용하고 먹을 물품을 모두 사가서, 현지에서는 소비만 하고 쓰레기를 두고 오지는 않나요? 그 지역의 자연과 공간을 이용하면서 정작 그곳에는 피해만 입히는 모양새가 됩니다.

커피나 카카오 유통과정에서 다국적 대기업이 이익의 대부분을 가져간다는 사실이 알려지면서 '공정무역(Fair Trade)'이라는 단어가 대두되었습니다. 현지인들이 노동착취를 당하듯이 저임금에 장시간 노동을 한다는 사실이 문제가 되었죠. 소비행위에 있어 현지인과 생산자들을 배제하면 안 된다는 것이 공정무역의 취지입니다. 공정여행 역시 현지인이 소외되어서는 안 된다는 것입니다.

공정여행에는 세 가지 원칙이 있습니다.

1. Benefit Local

현지인들에게 적절한 비용을 지불하여 공정하게 거래되어야 함을 말합니다.

2. Protect Nature

현지의 환경에 미치는 영향을 최소화해야 합니다.

3. Respect People

현지의 문화를 존중하는 마음을 가져야 합니다.

이 세 가지 요소가 어우러질 때, 진정한 공정여행이 실현될 수 있습니다. 아이들과의 여행도 이를 염두에 두고 하는 것이 바람직합니다. 또 아이들에게 그 취지를 충분히 설명하는 것 또한 매우 중요합니다. 공정여행은 프랜차이즈 숙박시설이 아닌 지역주민이 운영하는 소규모 숙소를 예약하는 것부터 시작합니다. 조그마한 공간이지만 여행자에게 새로운 인연을 만날 수 있는 장소로 의미 있게 다가올 것입니다.

또 공정여행은 여행지에 대한 이야기를 현지인 가이드를 통해 듣고 소통하는 여행을 지향합니다. 외국여행의 경우 원주민 가이드를 고용하고, 국내여행

의 경우 각 지역의 문화해설사를 이용하는 것이지요. 그들이 운영하는 숙소와 식당을 이용하고, 현지 시장이나 가게에서 물건을 사는 등 지역경제에 도움이 되도록 해보세요. 기념품 또한 지역특산물이나 그 마을의 농산물을 구입하는 것으로 의미 있는 소비를 하며, 환경보호를 위해 되도록 걷는 여행에 도전해보세요.

실제로 진행되고 있는 쿠바 공정여행을 한 번 살펴볼까요?

① 쿠바인과 함께 살사를!

② 경제위기를 이겨내게 한 쿠바의 친환경 유기농업 체험하기

③ 체 게바라의 도시 '산타클라라'에서 살아 있는 쿠바혁명의 역사 느끼기

④ 쿠바 사람들의 집 '카사'에서 묵으며 현지인과 친구 되기

이것이 바로 쿠바 공정여행의 프로그램입니다. 진정 쿠바를 꿈꾼다면 풍경을 구경하기 위해서가 아니라, 그곳 사람들을 만나고 문화를 느끼기 위해 떠났을 겁니다. 공정여행을 하면 우리가 꿈꾸던 이상적인 여행이 완성됩니다.

'볼런투어'라는 것도 있습니다. 봉사(Volunteer)와 여행(Tour)을 합친 단어로 단순히 보고 즐기는 여행을 넘어 소외된 사람들에게 실질적 도움을 주는 봉사활동을 통해 나눔을 전하는, '자원봉사+여행'의 형태죠. 학교가 없는 곳에 학교를 지어주면서 지역을 돌아봅니다. 봉사활동을 통해 지역주민과 가까이 소통하며 여행지에 대해 더 자세히 배울 수 있게 되니, 더욱 많은 것을 경험할 수 있는 뜻깊은 여행입니다. 또한 여행자가 상위개념이 아니라 서로 존중하는 관계를 형성합니다. 어느 순간부터 돈을 낸 여행자가 마치 '갑'이 된 듯 착각을 하는 것 같습니다. 현지인에게 지불하는 것도 아닌데 말입니다.

앞으로 아이와 여행을 할 때 공정여행을 염두에 두고 떠나면 어떨까요? 내

가 즐기는 것으로 다른 사람에게 피해가 가지는 않는지 아이와 함께 생각해보세요. 현지인이 운영하는 숙소에 머물고 현지 가게를 이용하는 것, 현지 문화에 편견을 가지지 않고 문화 상대주의적인 태도로 로컬 문화를 존중하는 것, '구경'이 아니라 '경험'을 하는 것, 이 모든 것이 공정여행에 포함됩니다. 진정 의미 있고 착한 여행이 아닐 수 없습니다. 관심을 가지면 더 많은 것이 보이니 아이도 엄마도 즐거운 여행이 될 것입니다.

MOM's Travel Tip

공정여행 참가자의 십계명

1. 현지인이 운영하는 숙소와 음식점, 교통편, 여행사를 이용한다.
2. 멸종 위기에 놓인 동식물로 만든 기념품(조개, 산호, 상아)은 사지 않는다.
3. 동물을 학대하는 쇼나 투어에 참여하지 않는다.
4. 지구온난화를 부추기는 비행기 이용을 줄이고, 전기와 물을 아껴 쓴다.
5. 공정무역 제품을 이용한다. 지나치게 가격을 깎지 않는다.
6. 현지의 인사말과 노래, 춤을 배워본다.
7. 여행지의 생활방식과 종교를 존중하고 예의를 갖춘다.
8. 여행 경비의 1%는 현지의 단체에 기부한다.
9. 현지인과 한 약속을 지킨다. 약속한 사진이나 물건은 꼭 보낸다.
10. 내 여행의 기억을 기록하고 공유한다.

WITH
MOM

PART 3

아이와 떠나는
체험여행

체험학습에서 가장 중요한 것은 무엇인가요?

체험여행

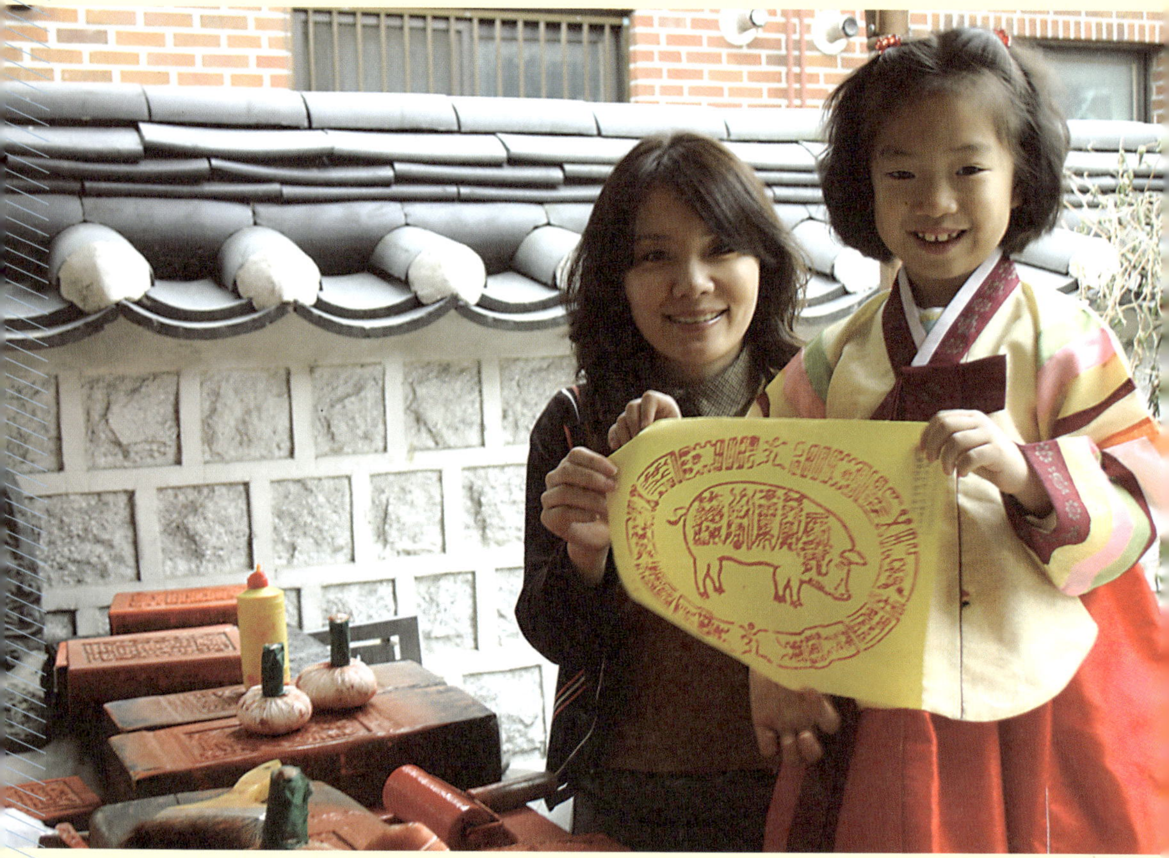

햇살이 맑은 초여름, 인천 문학경기장 주변을 취재하러 갔습니다. 인천어린이박물관과 인천향교, 그리고 인천도호부가 있어 아이들이 체험학습 장소로 즐겨 찾는 곳입니다. 조선시대에 전국을 8도로 나누고 그 아래에 대도호부, 목, 도호부, 군, 현을 두었는데 인천도호부(仁川都護府廳舍, www.dohobu.org)는 목(牧) 아래에 해당하는 지방행정기관이죠. 국립중앙도서관에 소장되어 있는《화도진도(花島鎭圖)》를 근거로 객사, 동헌, 공수 등 7동의 건물이 복원되어 있습니다. 더불어 여러 가지 전통체험을 할 수 있어서 아이들 현장체험 장소로 좋습니다.

제가 간 날도 세 곳의 어린이집에서 체험학습을 왔더군요. 노란 병아리 버스에서 내린 아이들이 줄을 지어 인천도호부 안으로 들어왔습니다. 저는 이미 취재를 마쳤기에 땀을 들일 겸 시원하고 그늘진 정자에서 아이들에게 방해가 되지 않게 쉬고 있었습니다.

선생님 인솔하에 아이들은 인절미체험과 탁본체험, 그리고 전통악기체험을 했습니다. 기본 프로그램인 듯 순서만 다를 뿐 어린이집 세 곳이 같았습니다. 제가 앉아 있는 곳이 탁본체험장과 가까워 아이들의 탁본체험을 눈여겨 볼 수 있었어요. 제 아이도 어린이집에서 이렇게 체험활동을 자주 다니는 것이 생각나기도 했고요.

줄을 지어 도착한 아이들은 순서대로 탁본을 했습니다. 손이 서툴러 제법 시간이 걸렸습니다. 잠시 후 인솔 선생님이 오더니 늦는 아이를 대신해 탁본을 하고, 아이는 그것을 들고 소위 인증 샷이란 걸 찍었습니다. 그리고 다음 아이, 다음 아이, 뒤에서 기다리는 아이들은 노란 긴팔 단체복에 땀을 흘렸고 차례가 된 아이는 마음 바쁜 선생님이 해준 탁본을 들고 어색한 억지웃음을 지으며 브이 자를 그렸습니다. 사진은 부모님의 핸드폰으로 '띵똥!' 하며 날아갔고요.

갑자기 작은 소요가 일었습니다. 아이들의 순서가 출석부와 달랐던 것입니다. 바뀐 아이를 찾고 순서를 바로잡아야 했습니다. 빠진 아이나 바뀐 아이가 있으면 안 되니까요. 땀을 흘리며 기다리던 아이들은 지루한지 땅바닥에 주저앉았고, 주위의 악기나 물건들을 만지다 야단을 맞곤 했습니다. 탁본체험이 끝난 아이들은 인절미체험을 하러 갔고, 전통악기체험도 했습니다. 기계적으로 이루어지는 체험현장을 보고나니 잠시 멍하더군요.

제 아이도 그동안 어린이집에서 여러 곳으로 체험을 하러 갔고, 현장에서 체험하며 웃는 사진이 핸드폰으로 날아왔었습니다. 사진을 보면서 아주 흐뭇했지요. '내 아이가 이것을 했구나, 만들었구나' 하면서 말이죠. 자그마한 손으로 조몰락거리면서 만들고, 가슴으로 느끼고, 온몸으로 받아들여 세상에 대한 호기심을 키워나갈 거라는 생각에 가슴이 두근거렸습니다. 그래서 또 어딘가로 현장체험을 간다 하면 제가 다 설레기도 했습니다.

그런데 탁본체험을 하는 아이들을 보고, '이건 아닌데' 하는 생각이 들었습니다. 물론 그날이 예외일 수도 있고, 그 어린이집을 전국의 다른 어린이집으로 확대 해석할 수는 없지만 말입니다. 아이들이 서투니 선생님이 대신하고, 또 일정한 시간과 순서에 의해 '정량'을 채워야 하는 체험의 개수와 결과물들…… 기다리거나 이미 끝난 아이들의 얼굴에서 해맑은 미소는 찾아볼 수 없었습니다. 아이가 다른 것에 관심을 보여도 정해지지 않은 것이어서인지, 이미 정한 비용에서 초과되는 것인지, 기회는 제공되지 않았습니다. 게다가 날은 왜 그리 더운지요.

　이런 상황들을 고려해 체험의 개수를 줄이더라도 충분히 체험할 수 있게 할 수는 없었을까요? 아니면 체험을 과감히 빼버리고 흥미 있어 하는 것으로 전환해도 되지 않을까요? 정해진 스케줄과 종목과 동선과 비용에 묶여 아이들이 정해진 대로 움직이는 부속품으로 전락해버린 건 아닌지 모르겠습니다.

　개중에는 즐거워하는 아이들도 있었고, 스스로 탁본을 하는 아이도 있었으며, 인절미 만들기와 전통악기 연주를 즐기는 아이도 있었습니다. 하지만 현장 체험을 가고, 즉각 인증 샷이 날아오고, 결과물이 훌륭해서 부모들 입맛에 딱 딱 맞는 활동이 아이들에게도 딱 맞는 활동인지, 진정한 체험여행인지 생각해볼 필요가 있습니다. 그런 것을 좋아하고 또 요구하는 부모들이 있기 때문에, 또는 눈에 보이지 않는 것은 불신하기 때문에 벌어진 일일 수도 있습니다. 혹시 보이는 것 때문에 보이지 않는 더 소중한 것을 잃고 있지 않은지 생각해봐야 합니다.

2
TRAVEL

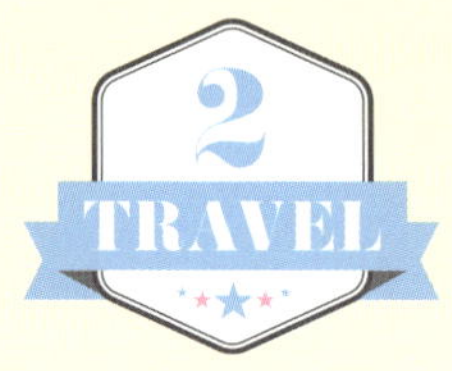

체험학습을 보내면 무엇이 학습되나요?

체험여행의 목적

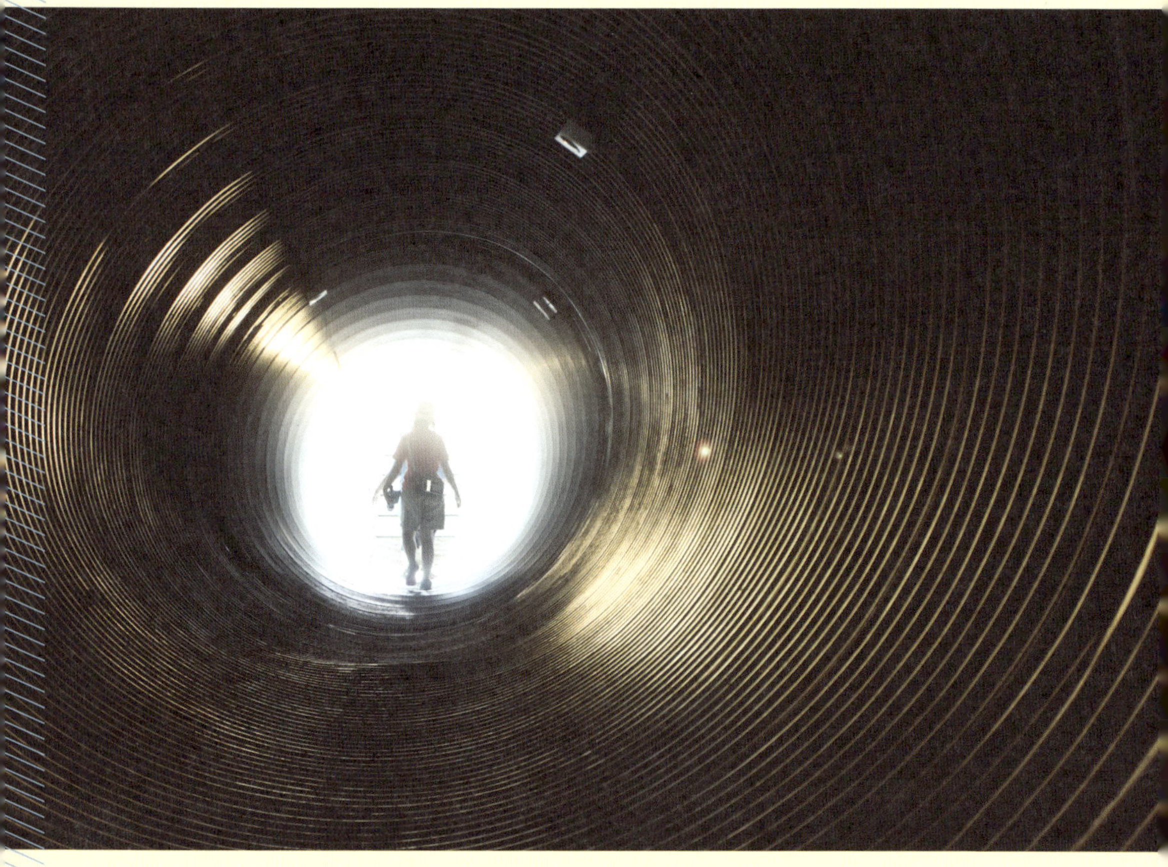

얼마 전 여행상품으로 체험학습을 다녀왔습니다. 정말 잘하더군요. 차에 타니 잘 제본된 인쇄물을 하나씩 나눠주었습니다. 그 속에는 1박 2일 동안 다닐 곳이 상세히, 아주 자세히 소개되어 있었습니다. 예를 들어, 영종대교를 지나면 언제 어떻게 만들어졌는지, 어떤 공법을 사용했는지, 다른 다리들과 공법이 어떻게 다른지 등 마치 '이보다 자세할 수는 없다'는 느낌이었습니다. 흠잡을 데가 없었지요.

이에 대한 보충설명이 이어졌고, 진행도 매끄러웠으며, 음식은 맛있고, 멋진 광경이 펼쳐졌습니다. 제법 많은 분량이었지만 모두 소화할 수 있었고, 미처 돌아보지 못했거나 설명하지 못한 부분도 책에 자세히 소개되어 있어 불편함이 없었습니다. 돌아오는 차 안에서는 전체 일정을 잘 정리해주었고, 아이들에게 퀴즈 문제를 내서 맞히면 선물도 주었습니다. 알찬 프로그램에 엄마들이 무척 좋아했습니다.

그런데 저는 왜 뒷맛이 씁쓸했을까요? 여행 내내 보고 느끼는 것이 어느 학년 어떤 과목과 연관이 된다는 식으로 이야기를 해주니 좋기도 했지만 반감도 들었습니다. 너무 많은 내용들이 한꺼번에 들어오니 머리가 다 아팠습니다.

언젠가 우리 아이들을 여름 캠프에 보낸 적이 있습니다. 친척 아이 하나도 일정이 맞아 스케줄을 보더니 재미있겠다며 함께 가겠다고 하더군요. 그런데 프로그램 마지막에 발표회가 있는 것을 보고는 갑자기 "나 안 갈래!" 하고 말했습니다. 3박 4일의 프로그램은 발표회 준비에 쓰일 거라고, 일정은 모두 사전

어릴 때의 여행은

머리를 쓰는 것이 아니라

마음을, 감정을, 느낌을,

몸을 쓰는 것이어야 합니다.

준비과정일 뿐이라고 주장하면서요. 일순 당황했습니다. 그런 프로그램들을 많이 접해서 거부감이 강했던 모양입니다.

여행은 더 넓은 세상을 보러 가는 것입니다. 다리를 어떻게 만들었는지 건축 공법도 중요하지요. 그러나 다리에 걸쳐 떨어지는 새빨간 해와 서서히 변해가는 저녁 하늘, 그 뒤로 병풍처럼 날아가는 새떼들의 우아한 몸동작을 보느라 설명을 놓칠 수도 있는 것입니다. 여행이 학습에 도움이 되면 좋겠지만, 학습 위주로 흘러가는 것은 바람직하지 않습니다.

돌아오는 버스에서 질문을 하면 학생들이 답을 하고 상을 받았습니다. 다른 친구들이 다 대답을 하고 상품을 받으면, 못 받는 친구는 옆자리 엄마의 눈치를 봅니다. 아이들은 그것을 알기에 여행 내내 긴장합니다. 머리를 마구 쓰면서요. 자연을 감상할 여력이 없습니다. 해당 여행사 프로그램을 다녀온 아이들은 다음에는 오고 싶지 않다고 했습니다. 여행이 머리에 하나라도 더 넣기 위해, 학교 성적을 올리기 위해 하는 것이 되었고, 아이들이 그것을 알아버렸기 때문입니다.

호주 출신 작가이자 세계적으로 유명한 동기부여 전문가인 앤드류 매튜스(Andrew Matthews)는 여행에 대해 이런 말을 했습니다. "목적지에 닿아야 행복해지는 것이 아니라 여행하는 과정에서 행복을 느끼는 것이다." 특히나 어릴 때의 여행은 머리를 쓰는 것이 아니라 마음을, 감정을, 느낌을, 몸을 쓰는 것이어야 합니다.

체험여행에서 아이와 하면 좋은 놀이

하나. 나뭇잎 가면 만들기 `추천 4~6세`

수목원이나 계곡에 갔거나 혹은 여름 산행의 경우 나뭇잎으로
가면을 만들어보자. 크고 넓은 잎으로는 아빠, 갸름한 잎으로
는 엄마, 동글동글한 잎으로는 동생 등 얼굴형에 맞는 나뭇잎
을 주워 도토리로 눈을 만들고 작은 나뭇잎이나 나뭇가지로 입
을 표현해보면 좋다.

둘. 꽃 손수건 만들기 `추천 4~7세`

무늬 없는 흰 천을 미리 준비하자. 초록 풀잎, 노란 꽃, 빨간 꽃 등 다양한 색의 식물을 준비해 흰 천의 한
쪽 면에 풀잎과 꽃을 배치해보자. 천의 반쪽을 덮은 후 숟가락으로 두드리면 천이 염색된다. 펼치면 데칼
코마니 형태의 예쁜 꽃 손수건이 만들어진다.

셋. 새 핫도그 만들기 `추천 5~7세`

여름휴가 혹은 캠핑 후 밥이 남았을 때 새를 위한 핫도그를 만들면 좋다. 주먹밥처럼 동그랗게 뭉쳐 나무
막대기를 꽂은 후 나무줄기에 매달아 놓으면 새들을 위한 음식선물이 된다.

넷. 나무글자 만들기 `추천 5~7세`

나뭇가지, 돌, 꽃잎, 나뭇잎 등으로 자동차 모양을 만들고 자동차라는 글씨도 만들어본다. 자신의 이름과
엄마아빠 이름, '사랑해' 등도 만들어보자.

농촌에 가면
무엇을 배울 수 있나요?

농촌체험 여행

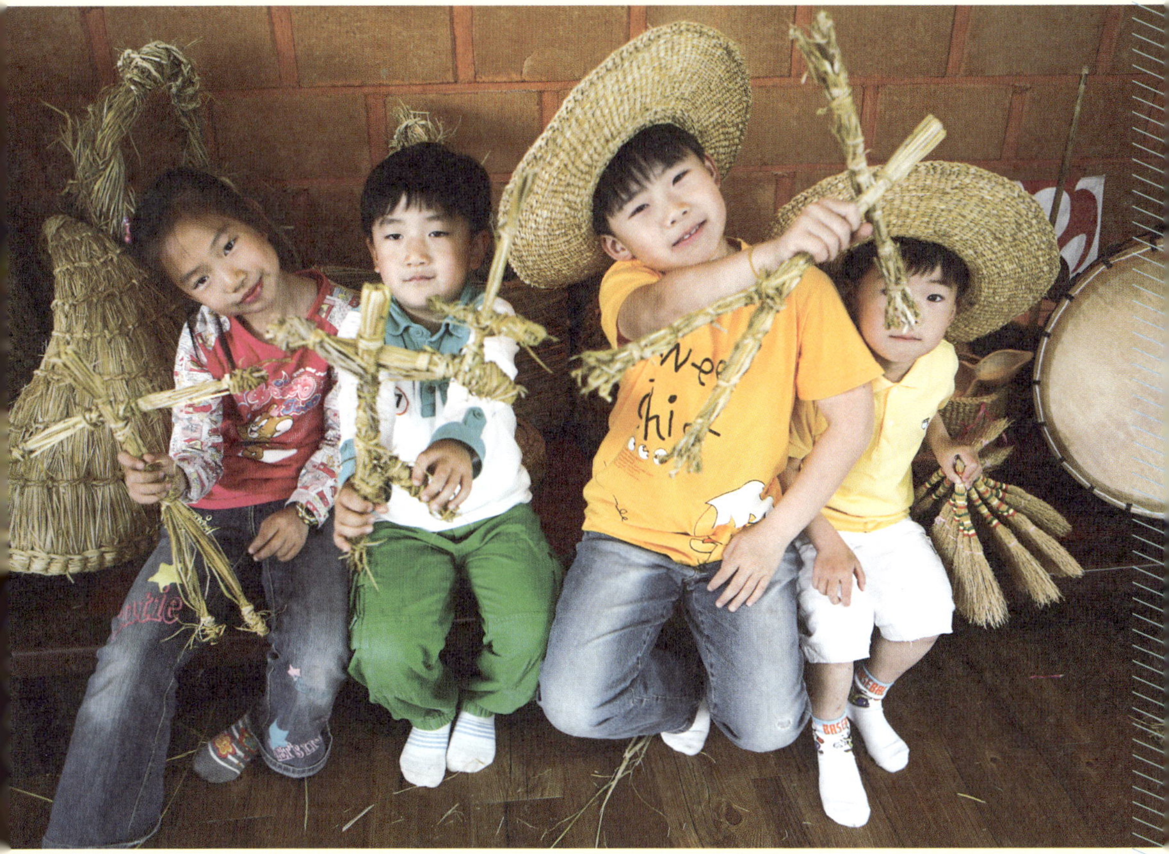

요즘 아이들과 농촌체험 마을을 찾는 분들이 많습니다. 저희 가족은 양평에 있는 보릿고개 마을을 갔었는데 참 좋았습니다. 산 좋고 물 맑은 양평 땅에 도착하니 벌써 공기가 다르더군요. 특히 어릴 적 살던 동네 같은 마을길이 마음에 들었는데, 구불구불 돌담이 눈에 들어왔습니다. 대부분의 시골마을 길이 포장을 하면서 직선화를 했죠. 경운기나 차가 다니기 불편하니까요. 그런데 이 마을은 돌담이 그대로 살아있고 그 담을 끼고 구불구불 길을 살렸습니다. 마음에 딱 들었습니다. 그 돌담에 손을 대고 아이들과 걸었지요.

그 사이 마을 부녀회에서 체험 거리를 준비해두었습니다. 두부 만들기입니다. 웬만한 농촌체험 마을에서 하고 있는 기본적인 프로그램이라 식상하다 싶었는데, 접근방법이 조금 달랐습니다. '보릿고개'라는 마을 이름과도 연관이 있었죠. 아이들은 보릿고개가 무엇인지 몰라 '보리가 많이 자라는 언덕'쯤으로 해석합니다.

보릿고개는 지난해 가을에 수확한 양식이 바닥나고 보리는 미처 여물지 않아, 먹을 것이 없어 고생하는 5~6월(음력 4~5월)을 말합니다. 광복 후부터 1950년대까지 해마다 반복되던 힘든 시간이었죠. 실은 저 역시 보릿고개 세대가 아니라 잘은 모르지만, 보리 타작하는 날만 기다리면서 쑥개떡, 보리개떡, 나물죽, 나무껍질로 연명하며 배고파했다 합니다.

과체중으로 비만 클리닉에 다니는 요즘의 아이들에게 '가난'과 '배고픔'은 이해하기 어려운 단어입니다. 먹을 것이 없어 굶었다고 하니 '라면을 끓여 먹거나 빵을 사먹지 왜 굶느냐'고 의아해할 정도입니다. 너무나 빠르게 변해가는 시대, 패스트푸드의 홍수 속에 살고 있는 아이들과 우리 현대인들에게 음식에 대한 생각을 다시 하게 만드는 곳이 보릿고개 마을입니다.

조금 다르게 말하면 이 마을이 추구하는 것은 바로 슬로우푸드입니다. 주문만 하면 재료가 무엇인지, 과정이 어떠한지와 상관없이 3분 안에 뚝딱 나오는 패스트푸드를 거부합니다. 천천히 재료부터 시작해 하나하나 과정을 같이하며 정성껏 먹거리를 만듭니다.

이제 아이들의 눈앞에 맷돌과 불린 콩이 준비되어 있습니다. 한 국자씩 떠서 맷돌에 넣고 가노라면, 아이들은 서로 맷돌을 돌려보겠다고 줄을 섭니다.

"엄마 이거 오른쪽으로 돌려요? 왼쪽으로 돌려요?

"옛날 사람들이 쓰던 믹서예요?"

예전 사람들에게는 '생활'이며 '노동'이던 것이 요즘의 아이들에게는 '놀이'며 '장난감'이 됩니다. 곱게 갈린 콩물을 베주머니로 걸러 가마솥에 넣고 나무 주걱으로 서서히 젓습니다. 아이들은 줄을 서서 콩물 젓기를 해보느라 난리입니다. 더운 날씨에 땀을 뻘뻘 흘리면서도 얼굴 표정은 너무 진지해 웃음이 나올 정도입니다.

곧이어 간수를 넣는 시간, 모두가 둘러 서 있는 가운데 아주머니가 간수를 부으니 콩물이 엉겨 붙으며 순식간에 몽실몽실 순두부가 됩니다. 아이들은 '매직(Magic)'이라며 너도나도 박수를 칩니다. 자루에 담아 누르면 모두부가 되는데 방금 만들어 '보들보들 따끈따끈' 고소한 맛이 일품입니다.

예전에는 먹을 것이 흔하지도 않았지만 음식을 상에 올리기까지 시간도 많이 걸렸습니다. 논일 밭일을 끝내고 돌아오면 이미 해가 지고 아이들은 배가 많이 고팠습니다. 고단한 몸을 이끌고 엄마들이 그때부터 저녁준비를 합니다.

너무나 빠르게 변해가는 시대, 패스트푸드의 홍수 속에 살고 있는
아이들과 우리 현대인들에게 음식에 대한 생각을 다시 하게 만드는 곳이
보릿고개 마을입니다.

나물을 다듬고 가마솥에 불을 지펴 밥을 합니다. 아이들은 주변을 맴돌며 엄마의 식사준비 과정을 지켜봅니다. 그 시간 동안 허기를 달래며 배고픔에 대한 인내심을 길렀겠지요. 엄마의 정성과 사랑도 지켜봤을 겁니다. 음식은 그저 단순히 배를 채우기 위한 것이 아니라, 마음과 사랑을 느끼는 매개체입니다.

반면 요즘의 패스트푸드는 어떠한가요? 주문만 하면 쏟아지는 패스트푸드는 짧은 시간 안에 음식이 준비되며, 또 그만큼 짧은 시간 안에 고칼로리를 섭취하게 됩니다. 기다리는 시간은 3분 이내, 아이들이 인내심을 기를 시간은 제공하지 않습니다. 음식이 돈을 주면 뚝딱 나오는 자판기의 음료수처럼 상품화된 것이지요. 돈이라는 것만 내면 갑과 을의 관계가 되고, 돈만 있으면 순식간에 '고객님'이 되어 요구하는 입장이 됩니다. 아이들에게 음식에 대한 따뜻한 느낌과 엄마의 사랑과 힘들여 농사짓던 일 년의 세월, 그리고 음식을 조리하는 모든 과정은 생략되어 알려줄 수가 없지요.

모두부가 완성되면 슥슥 잘라 아이며 어른이며 한 모씩 호호 불며 먹습니다. 양념간장과 신 김치, 마을에서 담근 동동주가 곁들여지니 모두가 행복한 얼굴입니다. 마트에 가면 무수히 놓여 있는, 흔하디흔한 두부가 아닌 '세상에 하나밖에 없고, 지금 여기서 내가 만든 특별한 두부'입니다. 주문만 하면 뚝딱 눈앞에 놓이는 패스트푸드와 달리 여러 가지 공정과 시간이 드는 슬로우푸드는 그 과정 속에 재미와 과학이 숨어 있고, 인내심도 기를 수 있는 좋은 교재입니다. 자신의 손으로 직접 만들어 입으로 넣는 결과물과 그 맛의 즐거움은 아이들에게 '성취감'이라는 또 다른 효과도 선사합니다.

개떡 만들기도 합니다. 어렵고 힘든 시절 배고픔을 달래주던 음식이지만 이제는 재미와 체험이 되었습니다. 곱게 빻은 찹쌀가루에 보릿가루를 넣으면 갈색이 되고, 쑥가루를 넣으면 초록색, 단호박을 넣으면 노란색이 되니 세 가지

색의 반죽이 곱습니다. 어른들은 동글납작하게 쑥개떡, 보리개떡을 만들지만 아이들은 클레이 아트를 하듯 반죽의 색을 섞어 여러 가지 모양을 만듭니다. 우주선, 강아지 등 자신만의 예술작품에 진지하게 빠져들지요. 30~40분 정도 찌면 쑥개떡이 완성됩니다. 한입 베어 물면 향긋한 쑥 향과 구수한 보리 맛이 입 안 가득 퍼집니다. 쑥이라고는 쳐다보지도 않던 아이들이 언제 그랬냐는 듯 자기가 만든 떡을 부지런히 찾아 먹습니다.

보릿고개 마을에서는 인스턴트 식품이 금지입니다. 여기에서 머무는 동안에는 보리개떡과 쑥개떡을 만들어먹고, 두부체험과 보리밥 식사를 하는 등 자연식품을 먹으며 자연과 더불어 친구가 됩니다. 1960~1970년대의 풍경 속에서 느리게 건강식을 즐기라는 것이지요.

슬로우푸드 마을이라고 해도 시간은 빨리 지나갑니다. 두부를 만들고, 보리밥과 호박밥을 먹고, 개떡을 빚고, 물놀이까지 하노라면 한나절이 후딱 갑니다. 귀갓길을 서두르면 따끈따끈한 쑥개떡, 보리개떡을 차에서 먹으라며 싸주고 감자와 옥수수도 손에 쥐어줍니다. 시골 외갓집의 외할머니처럼 손주를 보내는 애틋한 마음이 엿보여 이 마을에서는 정(情)이 무엇인지도 느낄 수 있어요.

〈보릿고개 마을에서 안타까웠던 점〉

1. 가끔씩 마을을 찾는 분들이 커피를 찾고 라면을 찾고 사이다를 찾습니다. 인스턴트 음식, 공장을 거친 음식을 배제함으로써 아이들에게 교훈을 주려는 이 마을에서 말입니다. 그 의미를 인지하지 못하고 불편을 토로합니다. 이 마을을 찾은 이유가 궁금해졌습니다.

2. 어떤 이들은 체험비를 냈다고 '고객님'이 됩니다. 할머님, 할아버님들이 무거운 것을 들고, 아주머니들이 상을 차리고 치우는데, 철저하게 갑이자 고객님처럼 행동하는 사람들이 있습니다. 돈을 내고 상품을 구입한 그 이상도 그 이하도 아닌 여행을 만들어버리는

것이지요. 아이들을 데리고 교육여행을 간 입장에서 지양해야 할 부분입니다. 일을 하라

는 것이 아니라 미소로 대하고 마주보며 함께하는 듯한 몸짓이면 될 일인데 말입니다.

MOM's Travel Tip

농촌체험 추천 여행지

하나. 구룡권 체험마을 <추천 6~8세>

해담마을, 황룡마을, 치레마을은 백두대간 구룡령 권역에 있는 마을들로 산자락 계곡 가에 자리한다. 서로 연계되며 수륙양용차와 넌버벌 공연, 페인트볼 게임 등 다양한 체험으로 전통을 현대화시켰다. www.황룡마을.kr

둘. 강화 용두레마을 <추천 5~7세>

논에 물을 대기 위해 물을 퍼 올리는 용두레질이 남아 있는 마을로, 용두레질을 하고 용두레를 하며 부르는 용두레 노래를 배운다. 농사짓는 어려움과 쌀의 소중함을 익힐 수 있다. yongdure.go2vil.org

셋. 의야지 바람마을 <추천 4~6세>

대관령 목장 근처의 마을로 우유를 이용해 꽃 치즈, 아이스크림, 피자 치즈 등을 만들고 사륜 오토바이로 목장을 둘러볼 수 있다. www.windvil.com

넷. 선재 어촌체험마을 <추천 5~7세>

영흥도와 대부도 사이에 자리한 선재도는 '모세의 기적'이라는 바다 갈라짐 현상이 일어나는 곳이다. 조그만 웅덩이에서 망둥이를 잡고, 구멍 속에 숨은 쏙을 잡고, 바지락을 까고, 갯벌에서 자전거를 타고 축구도 하는 어촌체험을 만끽할 수 있다. www.sunjaefarm.com

"사료는 한 끼 때우기 위해
의무적으로 밥을 먹는 것이고
식사는 한 끼를 먹더라도 잘 차려 먹기 위해
음식의 맛, 식사 분위기 등을
꼼꼼히 체크하며 순간을 즐기는 것이다"
- 강신주(철학박사) -

4
TRAVEL

여행의 대세,
아이와 캠핑을 떠나고 싶어요!

캠핑여행

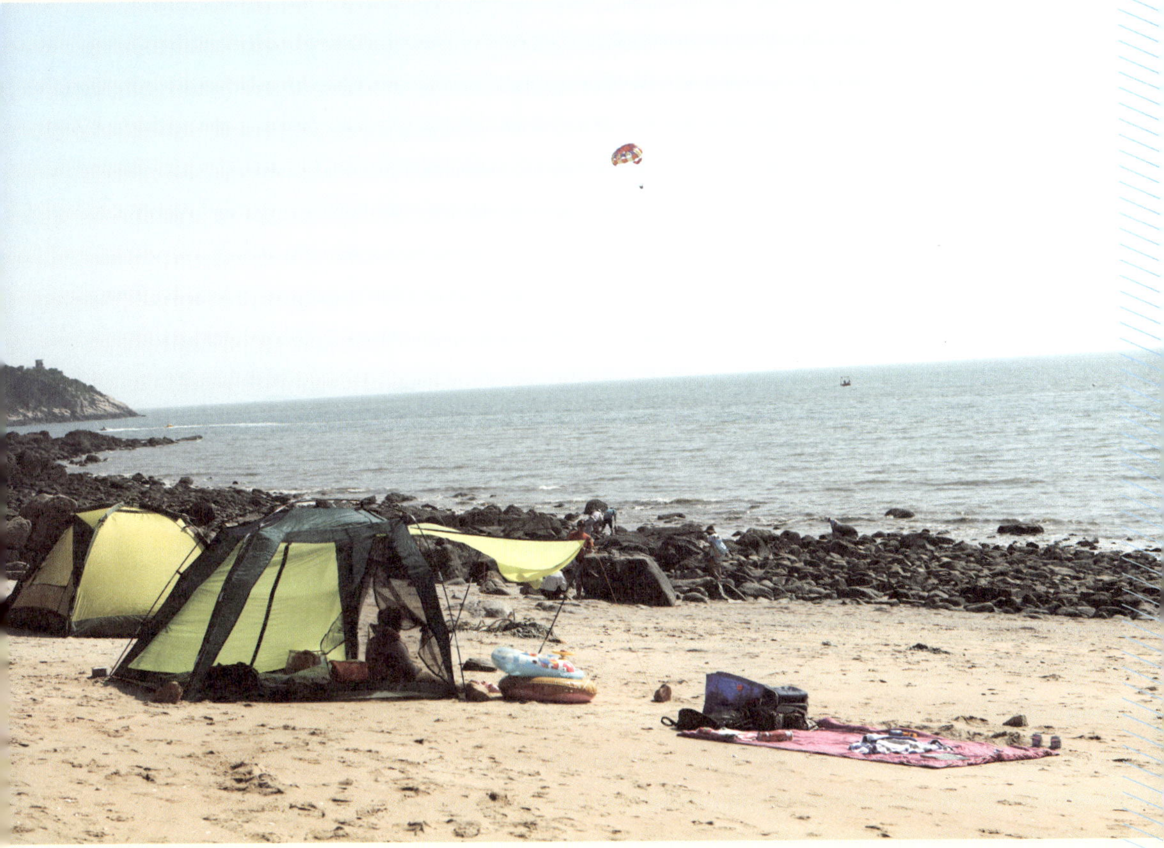

지난여름 지인을 따라 인천 용유도(龍流島) 왕산해변으로 캠핑을 다녀왔습니다. 달랑 텐트 하나만 들고 갔지요. 캠핑을 자주 다니는 지인에게 웬만한 장비는 다 있었으니까요. 가보니 캠핑을 즐기는 사람들이 무척 많았습니다. 땅을 베고 하늘을 이불 삼아 대자연의 품에 안기는 캠핑은 어른에게나 아이에게나 좋은 경험입니다.

옛날에 섬이었던 용유도의 북서쪽 끝 왕산해변은 을왕리에서 작은 고개를 하나 넘어갑니다. 그래서인지 을왕리해변보다 고즈넉합니다. 모래밭에 텐트를 치고 앉아 있으니 탁 트인 모래사장과 바다가 펼쳐지며 살랑살랑 갯바람이 품 안으로 파고듭니다. 서해 앞바다가 내 집 마당이 됩니다. 마치 바닷가 모래밭에 둥지를 튼 새가 된 느낌입니다.

아이들은 모래밭에 그림을 그리고 글씨를 쓰며 모래놀이와 소꿉놀이를 즐깁니다. 썰물이 되면 갯벌이 감추었던 자태를 드러내니, 넓은 뻘에서 조개를 잡고 소라를 주우며 갯벌과 친구가 되지요. 해가 저물면 세상을 붉게 물들이며 바다 속으로 사라지는 동그랗고 새빨간 왕산 낙조가 미술관에 걸린 인상파 화가의 그림보다 황홀합니다. 붉었던 하늘이 파랑으로, 분홍으로, 또 보라색이 섞인 남색으로 변해가다 검어지며 하나둘씩 별빛이 등장하는 밤하늘이 경이로웠습니다. 갈매기 소리와 바람 소리, 파도 소리가 어우러지는 대자연의 오케스트라는 그야말로 감동적이었지요.

이른 아침 소리 없이 밀려온 해무에 섬과 바닷가는 몽환적이었고, 해가 반짝

족집게 과외보다 쉽고 오랫동안 각인되는 무언(無言)의 공부가
바로 자연 속에서 즐기는 캠핑입니다.

나면 잠자리 날개 같은 색색의 요트와 하늘을 나는 패러세일링, 경쾌한 보트로 신명 나는 해양 스포츠 왕국이 됩니다. 밀려오는 파도와 숨바꼭질을 하다 비가 오면 텐트 속에서 빗소리에 젖고, 해가 나면 갯바위를 거닐었지요.

일일이 말해주지 않아도, 과학책으로 조수간만의 차를 설명하지 않아도 해와 달의 움직임이 보이고, 펄럭이는 깃발과 텐트에 부딪는 바람은 대기열로 인한 육풍과 해풍의 원리를 전했습니다. 족집게 과외보다 쉽고 오랫동안 각인되는 무언(無言)의 공부가 바로 자연 속에서 즐기는 캠핑입니다. 몸과 마음을 내려놓고 즐기다 보면 온몸에 감성이 스며들고, 자연의 이치가 몸 구석구석에 콕콕 박히고 차곡차곡 쌓이는 그런 경험을 선사합니다.

직업이 여행작가이니 사람들은 캠핑을 많이 다녔을 거라 생각합니다. 심지어 캠핑 마니아이거나 달인일 거라 생각합니다. 그렇지는 않습니다. 장비도 없습니다. 캠핑은 분명 아이들에게 더할 나위 없이 좋은 여행이고, 매력적이며, 우리 가족 모두 좋아합니다. 그러나 좋아한다고 반드시 마니아가 되는 것은 아닙니다. 또한 여행작가라 해서 캠핑을 잘 아는 것도 아닙니다.

캠핑은 매우 즐거운 일이지만, 우리 가족의 경우 다양한 형태의 여행 중에서 선호도가 높은 편이 아닙니다. 그리고 캠핑을 가는 빈도를 고려했을 때 장비를 사는 것은 부담스럽습니다. 어느 날 친구가 "우리도 홈쇼핑으로 장비 좀 샀어." 하더군요. 너도나도 캠핑, 캠핑하기에 캠핑을 해야 할 것 같았고, 마침 홈쇼핑에서 이것저것 끼워 저렴하게 판매하더라고요. 헌데 일 년이 지나고 보니 애물단지가 되어 있더랍니다. 캠핑 장비를 무턱대고 사면 보관이 어렵고 경제적 타격도 큽니다. 지인과 함께 해도 좋고 장비와 텐트를 모두 대여하는 글램핑도 좋습니다. 그것으로도 충분히 캠핑의 맛을 느낄 수 있고 여유와 만족을 얻을 수 있습니다.

나중에 필요하겠다 생각이 드는 장비가 있으면 그때부터 찬찬히 구입해도 늦지 않습니다. 자신의 상황과 스타일에 맞게 여행을 즐기면 되니까요. 캠핑이 좋다고 해서, 모두가 캠핑을 한다고 해서 반드시 따라할 필요는 없습니다. 우리 가족에게 맞는 캠핑의 즐거움을 찾아보세요. 가족여행은 그 가족의 취향에 맞게 즐기면 되는 것이니까요.

MOM's Travel Tip

아이와 함께 가기 좋은 추천 캠핑장

하나. 가평 토토큰바위 캠핑장 추천 8~10세

한국관광공사에서 선정한 안전한 캠핑장 중 한 곳이다. 텐트를 가지고 가도 좋고, 없으면 텐트와 장비를 모두 대여해주는 글램핑을 이용해도 좋다. 분위기만 느끼고 싶으면 펜션에 숙박하며 캠핑장을 즐기면 된다. 1년에 4번 재즈페스티벌을 한다. www.totocamp.co.kr

둘. 한탄강 오토캠핑장 추천 7~9세

한탄강은 약 27만 년 전 화산폭발로 형성된 현무암 용암지대로 수직절벽과 협곡이 아름다운 곳이다. 한탄강 오토캠핑장은 자동차와 텐트를 바로 옆에 둘 수 있어 짐을 내리기가 좋고 샤워장, 공동취사장, 매점, 가족자전거, 전기자전거, 꼬마자전거 등 각종 편의시설이 구비되어 있다. 텐트 사이트뿐만 아니라 캐러밴과 통나무집을 이용할 수도 있다. www.hantan.co.kr

셋. 양달농원 캠핑장 추천 6~8세

캠핑 외에도 팥빙수 만들기, 밤 마실길 투어 등 아이들과 함께 할 수 있는 다양한 체험 거리가 준비되어 있다. cafe.naver.com/ydfarms

5 TRAVEL

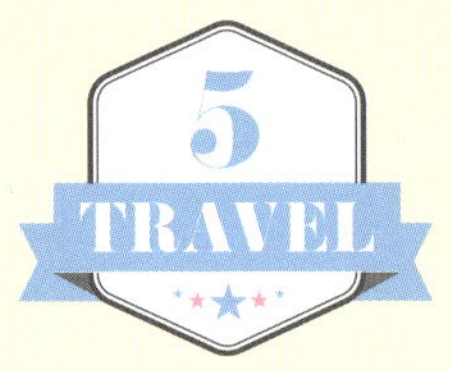

눈과 입이 즐거운 먹거리여행 없나요?

먹거리여행

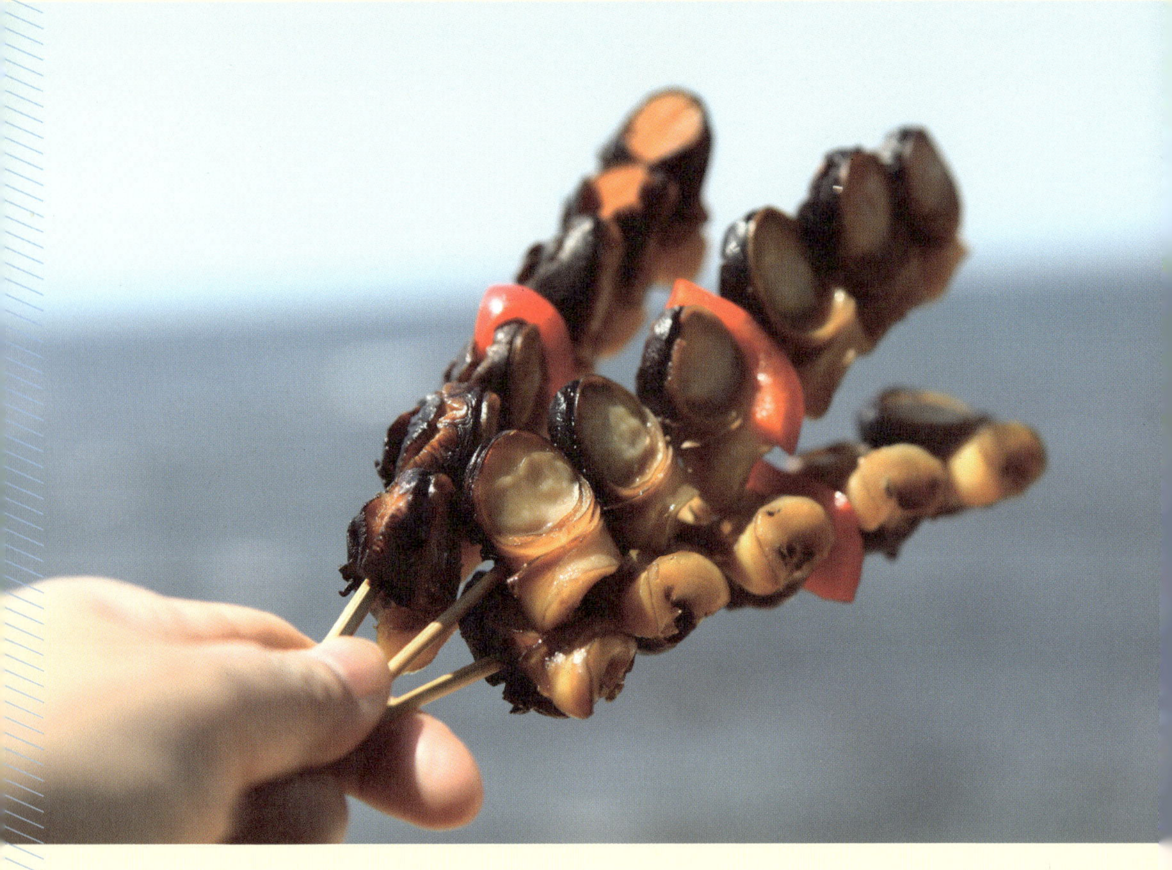

겨울철이면 떠오르는 풍경이 있습니다. 펄펄 눈이 내리는 대관령, 그리고 황태덕장입니다. 그곳을 보고 와야 진정한 겨울을 맛보았다고 할까요? 동해에선 겨울 바다에 그물을 내리면 살이 통통하게 오른 명태가 그득하게 잡히곤 했었지요. 대관령이 바빠지는 것도 이때쯤, 첫눈이 내릴 즈음이면 바람이 잘 통하는 곳에다 덕을 세우고 명태를 걸어 겨울바람에 말렸습니다. 이듬해 초봄이 되면 노르스름한 빛깔을 띠는데 이것이 바로 황태입니다. 겨울만 되면 TV에 등장하는 대표 이미지이지요. 황태덕장에 한 번 가볼까요? 아이들과 함께하는 여행 중에 먹거리여행처럼 재미있는 것이 없습니다.

황태덕장에 관심거리로는 어떤 것이 있을까요? 몇 가지 소개합니다.

하나, 황태는 무엇으로 만들까요?

명태, 바로 명태이지요. 명태는 조선조 효종 3년(1652년) 〈승정원일기〉에 처음 등장하는데요. 명천에 사는 태서방이 잘 잡았다 하여 '명태'라는 이름이 붙었습니다. 또 함경도 관찰사가 초도순시를 나섰다가 명천군의 태(太)씨 성을 가진 어부 집에서 점심을 들었는데 반찬으로 오른 생선 맛이 아주 좋았던 모양입니다. 그래서 이름을 물었더니 모른다 하기에 명천군의 '명'자와 '태'씨 어부의 성을 따 명태라 지었다고도 합니다.

동해안에서 잡은 명태는 배를 갈라 내장을 빼는 할복작업을 한 다음 2마리씩 코를 꿰어 세척해 덕장의 덕대에 거는데 이 작업을 '상덕'이라 합니다. 건조를 마친 황태를 싸리나무로 20마리(작은 황태) 또는 10마리(큰 황태)씩 엮는 작업은 '관태'이고요.

황태가 되어 사람 입에 들어가려면 서른세 번 손이 가야 한답니다. 날씨는 그해 황태농사의 80퍼센트를 좌우하고요. 거는 즉시 얼어야만 물과 함께 육질의 양분과 맛이 빠져나가지 않는데, 용대리는 밤 평균 기온이 두 달 이상 영하 10도 이하로 떨어지고 계곡에서 바람이 불어와 황태 만들기에 적절한 기후 조건으로 인정받고 있습니다. 해서 진부령 동쪽 거진항 일대에서 배를 가른 명태가 대관령 용대리 덕장에서 약 3개월간 얼고 녹기를 반복해 황태로 만들어집니다.

둘, 명태 세는 단위를 살펴볼까요?

명태를 세는 단위는 무엇일까요? '마리'입니다. 그런데 20마리를 묶어 '쾌', 20쾌를 묶어 '두름'이라고 합니다. 어릴 때 학교에서 줄긋기 시험을 보았던 것 같은데 무척 생소하게 들립니다. 명태를 세면서 아이들과 함께 신발 한 켤레, 바늘 한 쌈처럼 물건 단위 세는 놀이를 해보세요. 몇 개 적어보았습니다.

〈물건 세는 단위〉

손 : 고기 두 마리를 이르는 말로, 고등어 한 손과 같이 쓰임

쌈 : 바늘 24개를 뜻함

우리 : 기와를 세는 단위로, 한 우리는 2000장

접 : 과일, 무, 배추, 마늘 등을 100개씩 묶어 이르는 말

첩 : 한약을 지어 약봉지에 싼 뭉치를 세는 단위

제 : 탕약 스무 첩 또는 그만한 분량으로 지은 환약이나 고약의 양

채 : 인삼 한 근(대개 750그램)을 일컫는 말.

켤레 : 신, 버선 등 둘을 한 벌로 세는 단위.

아이들과 함께하는 여행 중에 먹거리여행처럼 재미있는 것이 없습니다.

셋, 명태의 또 다른 이름은 무엇일까요?

명태의 이름? 정확히 말하면 명태의 상태에 따른 이름입니다. 바다에서 갓 잡아 살아있는 것은 생태, 얼린 것은 동태, 말린 것은 북어라 하지요. 네 마리씩 코를 꿰어 묶은 후 약 15일간 꾸들꾸들한 상태로 말린 북어는 코다리입니다. 또 명태 새끼를 말린 것은 노가리라고 부릅니다.

명태 이름이 어디 그것뿐이겠습니까? 겨울에 나는 명태는 동태, 봄 명태는 춘태, 그물로 잡으면 망태, 낚시로 잡은 것은 조태이고, 황태를 만드는 과정에 또 다시 이름이 갈라집니다. 이름이 많다는 건 그만큼 우리나라 사람들에게 사랑을 받았다는 뜻이지요. 어디 그 이름 한 번 볼까요?

〈명태의 이름〉

봄에 잡은 명태 : 춘태

가을에 잡은 명태 : 추태

겨울에 잡은 명태 : 동태(冬太, 凍太와 헷갈리지 말 것!)

그물로 잡은 명태 : 망태

낚시로 잡은 명태 : 조태

원양어선에서 잡은 명태 : 원양태

근해에서 잡은 명태 : 지방태

강원도에서 나는 명태 : 강태(江太)

새끼 명태 : 노가리

갓 잡은 명태 : 생태

얼린 명태 : 동태(凍太)

그냥 건조시킨 명태 : 북어(또는 건태 乾太)

반쯤 말린 명태 : 코다리

얼렸다 녹였다를 반복해서 말린 명태 : 황태

건조시킬 때의 날씨가 너무 추워서 색깔이 하얗게 된 것 : 백태

날씨가 따뜻해서 색깔이 검게 된 것 : 먹태 또는 찐태

머리나 몸통에 흠집이 생기거나 일부가 잘려 나간 것 : 파태

머리를 잘라내고 몸통만을 걸어 건조시킨 것 : 무두태

작업 중의 실수로 내장이 제거되지 않고 건조된 것 : 통태

건조 중 바람에 의해 덕대에서 땅바닥으로 떨어진 것 : 낙태

조기를 소금에 절이면 굴비가 되고, 겨울철 숭어의 어린 새끼는 동아, 꽁치를 가공하면 과메기가 됩니다. 한 가지 생선이 가공 또는 상태에 따라 이름이 달라지는 것들이 종종 있습니다. 이런 이야기들을 아이와 함께 나누는 것도 재미있지요.

명태가 황태로 되는 과정이 흥미로웠습니다. 명태가 마르면서 황태가 되면 단백질의 양은 2배로 는다고 합니다. 단백질이 56퍼센트를 차지하는 데 비해 지방 함량은 2퍼센트에 불과하니 살 찔 걱정 없는 먹거리입니다. 또 옛날 두메 산골 사람들은 눈이 침침하면 가까운 바닷가로 내려가 명태를 물리도록 먹었다고 합니다. 그러면 거짓말처럼 눈이 밝아졌다는데 간유 때문입니다. 컴퓨터와 공부에 눈이 지친 우리 아이들이 많이 먹어야 할 음식이겠지요. 노폐물 제거와 해독효과도 있습니다.

황태덕장을 구경한 다음에는 황태를 사가지고 돌아와 냄비에 물을 넣고 팔팔 끓이다 나박하게 무 썰어 넣고 황태채 넣고 김치 쫑쫑 썰어 넣어 황태 김치 해장국을 끓여보세요. 아이와 함께요. 요리를 하면서 바리톤 오현명의 가곡

〈명태〉도 들어보면 좋겠습니다. 한국적 유머 감각과 구수하고도 푹 익은 연륜의 멋은 그 누구도 흉내 낼 수 없을 것입니다.

MOM's Travel Tip

황태덕장 여행에서 할 수 있는 것 10가지

1. 대관령의 설경과 황태덕장의 멋진 모습 감상하기
2. 황태의 이름에 얽힌 이야기 찾아보기
3. 지도를 놓고 황태 만드는 과정 살펴보기(이동과정 포함)
4. 명태와 관련된 수많은 이름 찾아보기
5. 명태를 포함, 물건을 세는 단위 찾아보기(바늘, 신발 등)
6. 명태의 영양성분 변화와 몸에 좋은 점 찾아보기
7. 명태를 직접 구입해 지역경제 살리기
8. 명태 요리 해보기
9. 오현명의 가곡 〈명태〉 들어보기
10. 여행의 추억을 이야기로 나눠보기

우리의 전통문화를
알려주고 싶어요!

국악여행

"엄마, 이것도 악기예요? 호랑이처럼 생겼는데, 장난감 아닌가?"

여기는 충북 영동, '국악의 성인'이라 불리는 난계(蘭溪) 박연이 태어난 곳으로 영동군 심천면 고당리가 그의 탄생지입니다. 난계는 고구려 왕산악, 신라 우륵과 더불어 우리나라 3대 악성 중 한 분인 박연(朴堧, 1378~1458)의 호로 영동에는 생가와 묘소, 난계사당이 있고, 난계국악박물관, 난계국악기체험전수관 등 다양한 국악 관련 시설이 모여 있습니다.

편경, 편종 등 우리의 전통 악기가 전시되어 있으며, 전통복장을 입고 궁중음악을 연주하는 모형을 통해 조선시대 궁중행사를 엿볼 수 있습니다. 일부 악기들은 직접 쳐볼 수 있으며 만드는 과정도 알 수 있죠. 국악공연을 접할 수도 있고요.

우리의 전통악기를 본 아이들의 반응은 어떨까요? 마치 남미의 어느 나라 음악을 듣고 악기를 보는 듯 마냥 신기해합니다. 제가 보기에도 저것이 과연 악기일까 하는 생각이 드는 것들이 있었으니까요. 여기서 아이들이 흥미로워했던 악기를 잠시 살펴볼까요? 호랑이 모양의 '어(敔)'와 네모난 상자에 방망이를 넣은 '축(柷)'입니다.

'축'은 고려 때부터 우리나라에서 사용해온 타악기입니다. 동서남북 방위 중 동쪽 방향을 상징하는 푸른색을 칠해 놓았습니다. 동서남북의 수호신인 사방신(四方神) 중 동쪽이 청룡인 것과 연관이 있죠. 해가 떠오르는 동쪽이 하루의 시작과 관련 있듯 음악의 시작을 알리는 축에다 동쪽을 상징하는 푸른색을 칠

한 것입니다. 방망이로 상자 밑바닥을 세 번 친 후 북을 한 번 치는 것을 세 번 반복한 다음, 박을 한 번 치면 음악이 시작됩니다. 종묘제례악이나 문묘제례악에서 사용되는데, 어찌 보면 장난감 같기도 하고 우습기도 합니다. 아마 익숙지 않아서일 겁니다.

흰색의 엎드린 호랑이 모양의 '어'는 등줄기에 27개의 톱니(서어)가 있어 끝을 아홉 조각으로 쪼갠 대나무 채(견)로 호랑이 머리를 세 번 친 다음 호랑이 등을 한 번 긁는 것을 세 번 반복하면 음악이 끝납니다. 음악의 끝을 알리기에 서쪽에 놓고 서쪽의 사방신인 백호처럼 백색의 호랑이 모양입니다.

이렇듯 음악의 시작을 알려주는 '축'은 동쪽에 놓고, 음악의 끝남을 알리는 '어'는 서쪽에 놓습니다. 악기에 전통의 오방색과 각 방위별 사방신의 의미를 넣었습니다. 우리의 전통악기는 색과 위치에 많은 의미를 담고 있네요.

오방색은 동쪽에 청(靑), 서쪽에 백(白), 남쪽에 적(赤), 북쪽에 흑(黑), 가운데에 황(黃)을 두었습니다. 음양, 동서남북, 사계절, 인의예지신, 입맛, 오장육부, 감정 등이 비롯되었고 색동저고리, 비빔밥 등이 모두 오방색과 연관되어 있습니다. 우리 선조들의 기본 사상 공부가 국악기를 보면서도 가능합니다.

난계국악기 제작촌(www.nangyekukak.or.kr) 현악기 공방에서는 거문고, 가야금, 아쟁 등 현으로 된 악기를, 타악기 공방에서는 장구와 북 등 때리는 악기를 제작합니다. 명주실과 개량실이 소리에 어떤 영향을 미치는지, 칠은 어떤 순서로 어떻게 해야 하는지 자세히 설명을 들을 수 있습니다. 전통악기의 실물 제작뿐 아니라 미니 장구, 미니 해금 등 미니어처 제작 프로그램도 있습니다.

우리 주위를 둘러보면 피아노, 바이올린, 플룻 등의 악기를 배울 수 있는 학원이 즐비합니다. 그런데 우리 음악인 국악(國樂)을 다루는 곳은 그리 많지 않지요. 문득 우리의 것을 점점 잃어가는 것이 아닐까 걱정이 됩니다. 우리가 우리 것을 지키지 않으면 그 누구도 대신 지켜주지 않을 텐데요.

우리의 것이 소중함을 누구나 알고 있지만, 아이들에게 제대로 알려주지 못하고 있지요. 바이올린 소리보다 가야금 소리가 아름다우며, 베토벤보다 난계 박연이 멋진 음악가라는 것을 알려주어야 합니다. 도레미파솔라시도와 클래식을 먼저 접하는 우리 아이들에게 궁상각치우가 우리 음악이란 것도 알려주어야 하지 않을까요? 한 나라의 음악은 그 나라의 혼을 담고 있다고 했습니다. 우리의 혼을 이렇게 여행을 통해 찾아다녀야 하는 것이 아쉽습니다.

전통문화 체험하기 좋은 추천 여행지

하나. 종로 동림매듭공방 　추천 7~8세

4대째 전통매듭을 하고 있는 기능 전승자 심영미 선생님에게서 전통매듭을 배울 수 있다. 핸드폰 고리와 팔찌 만들기가 인기 프로그램이다. maedeup.modoo.at

둘. 하회동탈박물관 　추천 5~7세

안동 하회마을 입구에 자리 잡고 있으며, 하회탈뿐만 아니라 우리나라의 모든 탈들이 한자리에 일목요연하게 정리되어 있고, 세계 각국의 중요한 탈을 한국 탈과 비교하여 볼 수 있도록 전시하고 있다. 안동 하회탈 상설 공연 관람 전후에 들르면 더욱 흥미롭다. www.mask.kr

셋. 조선민화박물관 　추천 6~8세

강원도 영월에 위치한 조선민화박물관은 단 한 사람이 가도 설명을 해주는 큐레이터가 있다. 다양한 민화 전시와 민화그리기 대회 등이 개최된다. www.minhwa.co.kr

넷. 전주 한지박물관 　추천 8~10세

한지(韓紙)의 고장 전주에서 우리 한지의 얼과 발자취를 찾을 수 있다. 중국선지, 일본화지와의 차이점이 흥미롭다. www.hanjimuseum.co.kr

7
TRAVEL

머릿속 상상을 여행을 통해 보여주고 싶어요!

도자기여행

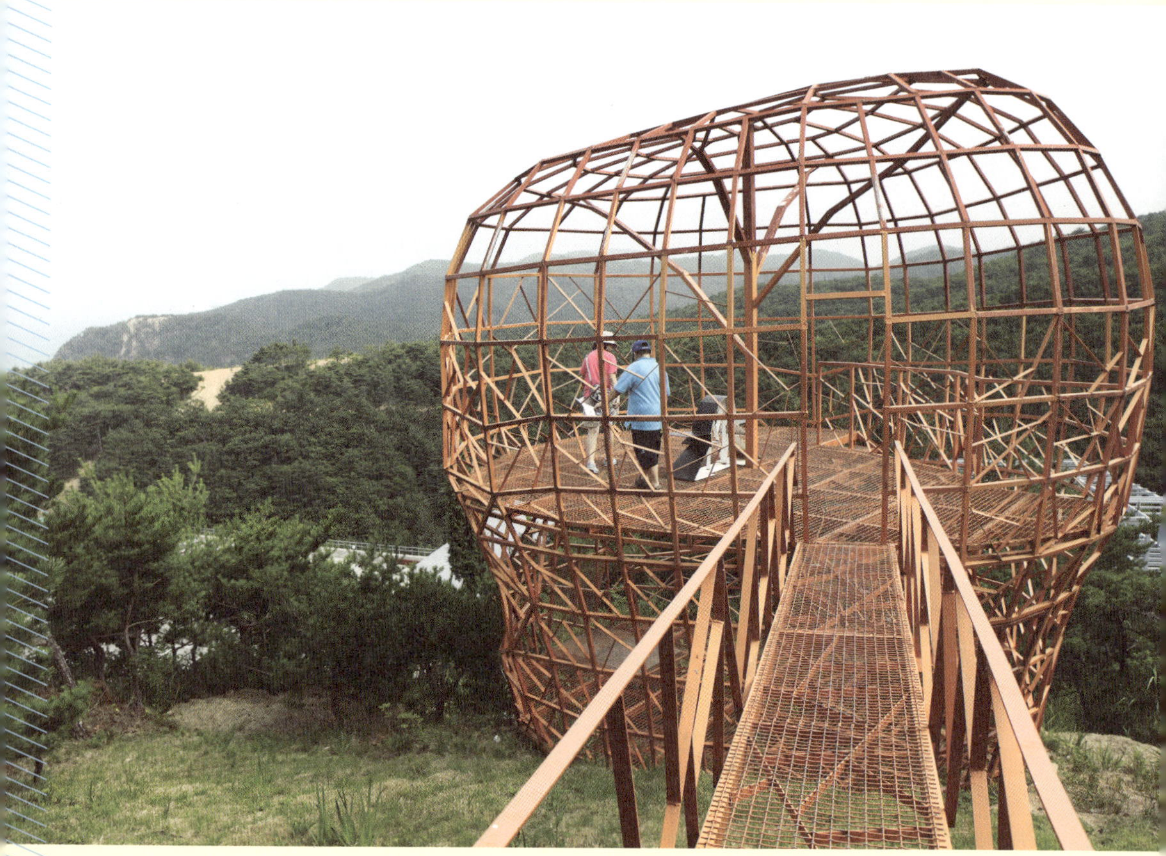

"엄마,《사금파리 한 조각》이라는 책 아세요?"

딸아이가 초등학교 6학년 때였습니다. 저자는 린다 수 박(Linda Sue Park)으로, 이름이 독특했습니다. 한국 사람인가 싶어 찾아봤더니 흥미롭더군요. 린다 수 박은 미국 일리노이 주에서 나고 자랐지만, 한국인 부모님을 둔 한국계 미국인이었죠. 스탠포드대학 영문학과를 졸업한 후 석유회사 홍보담당, 음식 칼럼니스트, 대학 영어강사 등 다양한 직업을 거쳤습니다. 어찌 보면 전형적인 미국인입니다.

그런데 린다 수 박이 결혼을 했고 아이를 키우게 되었습니다.

"엄마, 엄마는 'Korea' 사람이지? Korea는 어떤 나라야? 얘기 좀 해줘."

순간 린다 수 박은 아이에게 해줄 수 있는 얘기가 하나도 없다는 것을 깨달았다고 합니다. 이후 아이에게 이야기를 해주기 위해 자신의 뿌리와도 같은 한국을 공부하기 시작했고, 어렴풋이 들었던 한국 옛날이야기를 바탕으로 동화를 쓰기 시작했습니다. 그것이 고려청자 이야기를 담은 린다 수 박의 세 번째 동화《사금파리 한 조각》입니다. 이 책으로 그녀는 2002년 미국 최고의 아동문학상인 뉴베리상을 수상했지요. 지금은 비행기를 타고 다니며 강연을 할 정도로 유명해졌고, 국내에는 관련된 논문도 여러 편 나와 있습니다.

그녀의 책은 영어로 되어 있고 한국에는 한국말 번역본이 나와 있습니다. 잠시《사금파리 한 조각》의 내용을 얘기해볼까요? 다리 밑에서 사는 '목이'라는 주인공 아이가 도자기 공방을 멀리서 지켜봅니다. 우여곡절 끝에 공방에서 일

아무런 동기 없이 방문한 것과 동화책 《사금파리 한 조각》을 읽고 방문한 것,
아이의 관심과 집중은 매우 다를 것입니다.

을 하게 되고 심부름으로 도자기 한 점을 왕궁으로 가져가지만 산적을 만나 깨져버렸습니다. 그러나 목이는 포기하지 않고 깨진 사금파리 한 조각을 목숨처럼 여겨 결국 전달했고 상감청자와 더불어 살게 된다는 이야기입니다. 덕분에 교과서에서 배우던 상감청자를 쉽고 재미있게 접하게 되었습니다. 우리 아이뿐만 아니라 전 세계 아이들이 한국문화를 접하고 그 아름다움에 매료되었겠지요.

우리나라는 일찍부터 도기를 만들어왔습니다. 섭씨 1000도가 넘는 온도에서 단단한 도기를 굽기 시작한 건 삼국시대부터이며 비췻빛의 고려청자 기술이 절정에 달한 것은 12세기 전반입니다. 고려왕조를 빛내던 청자는 강진을 기반으로 성황을 이루었는데, 전국 4백여 기의 가마터 중 188기가 강진군 일대에 집중돼 있고 현존하는 국내 국보와 보물급 중 80퍼센트가 강진에서 만들어졌다 합니다. 흙과 기후 등 청자를 굽기 위한 여건뿐 아니라 신라 말부터 지역 토호들이 중국과 무역을 해오던 지리적인 이유도 있었지요.

“아빠, 엄마, 고려청자 만드는 것을 직접 볼 수 없을까요?”

강진여행의 하이라이트는 바로 이 상감청자입니다. 강진에는 강진고려청자박물관과 고려청자도요지가 있습니다. 강진고려청자박물관은 그리 화려하지 않습니다. 때문인지 아이들이 박물관 전시물을 휘리릭 관람하고 돌아갑니다. 그런데 중요한 곳은 박물관 뒤편에 있습니다. 상감청자를 재현하는 현장을 직접 볼 수 있으니까요.

고려 상감청자는 도자기의 표면에 무늬를 파고 그 속에 흰 흙이나 검은 흙을 메우는데, 구우면 푸른 바탕에 백색과 흑색의 문양이 됩니다. 고려만이 지녔던 독창적인 기술로 고려도공들은 상감기법을 이용해 청자 위를 날아가는 학의 모습과 청초한 국화, 구름 등을 표현했어요. 이를 상감기술이라 하는데 성형,

정형, 조각, 장식 등의 과정별 전문가들이 고려청자를 제작하고 관람객은 과정을 지켜볼 수 있습니다. 가슴 떨리는 광경이 아닐 수 없지요. 단, 유약 바르는 과정만은 볼 수 없는데, 청자의 가장 중요한 과정이라 공개하지 않습니다. 전시용 작업이 아니라 실제 작업현장이니 돌아볼 때는 작업에 방해가 되지 않도록 조용히 해야겠지요.

물론 모든 여행을 이러한 방법으로 할 수는 없겠지요. 그러나 책에서 여행의 주제를 찾고 직접 찾아가보는 여행, 아이와 함께 떠나고자 하는 부모님들께 권하고픈 방법입니다.

강진고려청자박물관
온라인이나 현장에서 예약하면 물레 돌려 도자기 만들기, 코일링 방법으로 만들기, 혹은 만들어진 도자기에 문양 그리기 등 다양한 체험을 할 수 있다. www.celadon.go.kr

MOM's Travel Tip

동화책 읽고 떠나기 좋은 추천 여행지

하나. 《초정리 편지》 ↔ 국립한글박물관 `추천 6~8세`
한글이 반포되기 전, 충북 청원군 초정 약수터 근처에 사는 '장운'은 눈병 치료차 한양에서 온 할아버지를 만난다. 할아버지는 장운에게 새로 만들어진 글자를 가르쳐주고 이 아이는 나중에 훌륭한 석수가 되는 이야기인데, 한양에서 온 할아버지가 바로 세종대왕이다. 한글을 다루고 있는 동화로 한글박물관 가기 전에 읽으면 좋다.

둘. 《어린이 농부 해쌀이》 ↔ 강화도 `추천 7~9세`
할아버지를 따라다니며 사고를 치는 말썽꾸러기 어린이 농부 해쌀이 이야기. 강화도의 논은 대부분 간척 논으로 그 넓이가 엄청난데, 바닷물을 뿌려 농사를 짓는 독특한 방법이 있다. 해수농업이라 하는데 강화도 여행 전에 읽으면 강화의 논과 풍경이 달리 보인다.

"좋은 책을 읽는다는 것은
과거의 가장 훌륭한 사람들과 대화하는 것이다."
-데카르트-

8 TRAVEL

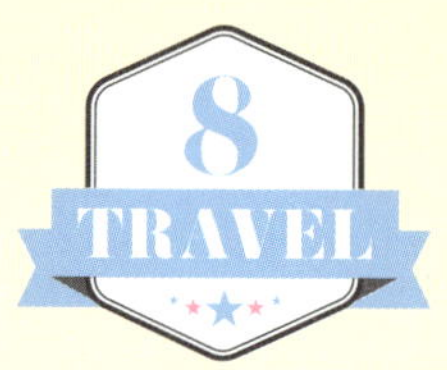

아이에게 색다른 하루를 선물하고 싶어요!

템플스테이

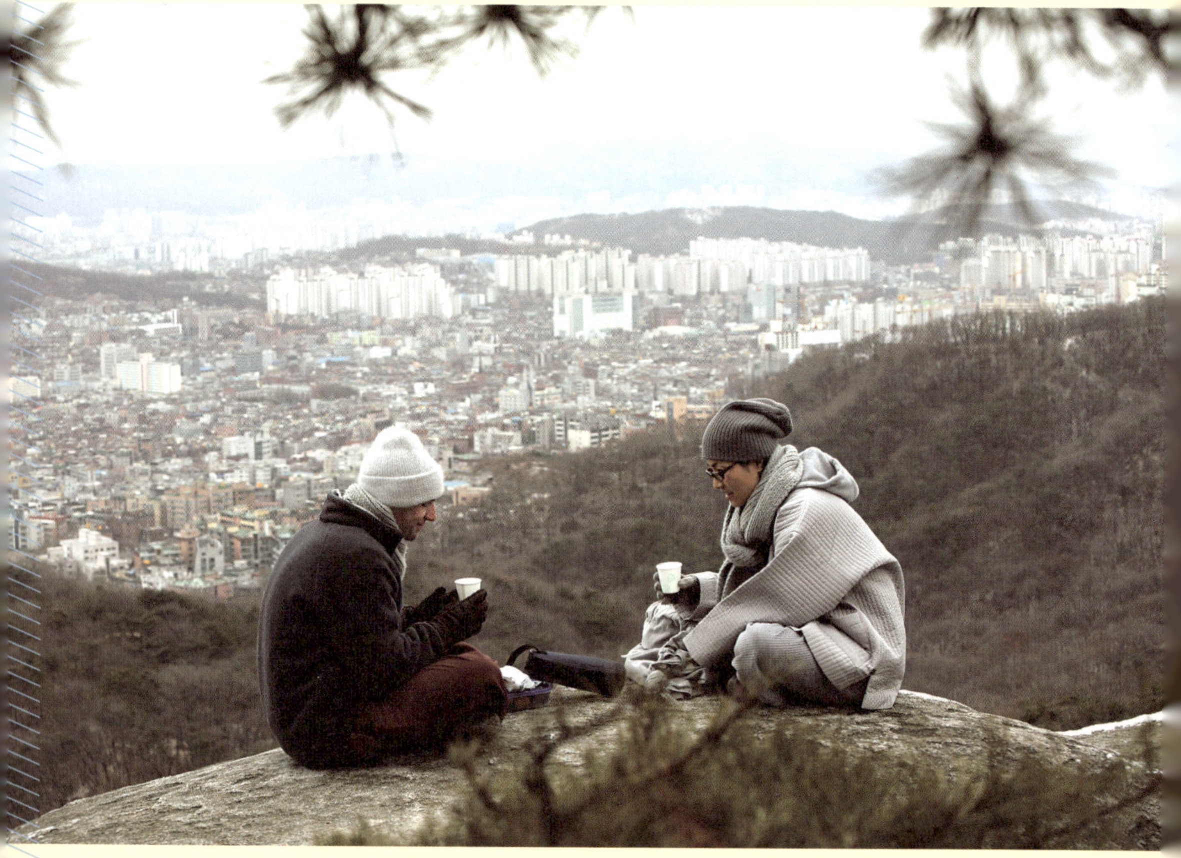

요즘은 아이들과 할 수 있는 체험여행의 테마가 넘쳐납니다. 갯벌체험, 경제 캠프, 별자리 관찰, 박물관 견학 등등. 이번엔 색다르게 산속 깊숙이 자리한 사찰은 어떨까요. 낮에 잠깐 들러 휙 돌아보는 사찰여행이 아니라 하룻밤을 자면서 스님과 똑같이 지내보는 템플스테이(temple stay)는 특별한 경험이 됩니다. 템플스테이 한 번으로 생각의 많은 부분이 바뀌기도 한다면 믿을 수 있을까요? 종교를 넘어 새로운 세계와 만나는 기회가 될 것입니다.

템플스테이란 전통 사찰이나 수도원에 머물며 사찰 고유의 문화와 수행을 체험해보고 느끼는 것을 말합니다. 현재 우리나라에는 전국 80여 개 사찰에서 템플스테이를 실시합니다. 제가 다녀온 템플스테이는 모두 좋았습니다. 그 중에서 가장 좋았던 곳을 꼽으라면 월정사 템플스테이입니다. 당나라에서 돌아오던 자장율사가 초암을 지었던 643년부터 시작되었다 하니 1300년이 넘는 고찰입니다. 신라 선덕여왕 때의 일이지요.

템플스테이는 예약에서부터 시작됩니다. 사찰로 가는 길은 도심의 자동차 소리와 빌딩을 벗어나는 해방구 같은 길이죠. 그 길에 도착하면 정갈한 차 한 잔이 기다립니다. 이제 속세에서 입었던 옷을 벗어 가지런히 두고 수련복으로 갈아입은 후 차를 마시러 갑니다. 핸드폰도 잠시 멀리하고요. 매듭진 곳이 없어 수련복을 입으면 몸이 아주 편합니다. 차를 마주하면 마음도 편합니다. 스님과의 다담(茶啖)은 세상의 고민을 먼지처럼 가볍게 만듭니다.

명상을 하고 큰절을 배웁니다. 큰절은 삼보(부처님, 법, 스님)에 대한 예경과 상대방에 대한 존경을 의미합니다. 신체의 다섯 군데(양 무릎, 양 팔꿈치, 이마)를 땅에 닿게 하여 스스로를 낮추는 수행법으로 108번을 반복해 108배를 올리는데 앞사람이 숫자를 세어주고 끝나면 반대로 합니다.

가족 방문객인 경우 자녀가 부모에게, 반대로 부모가 자녀에게, 아내가 남편에게, 또 남편이 아내에게 108배를 올립니다. 이곳이 아니면 어찌 자녀가 부모에게 108배를 받아보고, 아내가 남편에게 108배를 받아보겠습니까? 처음에는 장난처럼 키득키득 웃으며 시작하지만 이내 경건해지고 그 의미가 가슴으로부터 느껴집니다. 무척 인상 깊은 시간이었습니다.

'똑똑똑 또르르 똑똑똑 또르르', '도량청정무하예(道場淸淨無瑕穢) 삼보천룡강차지(三寶天龍降此地)', 새벽시간 또한 세속에서는 경험키 어려운 순간들입니다. 만물이 짙은 어둠에 잠겨 있는 새벽 3시, 도량을 깨끗하게 하기 위한 의식인 동시에 잠들어 있는 천지만물을 깨우는 도량석(道場釋)이 진행됩니다.

'하늘은 자시(밤11시~1시)에 열리고, 땅은 축시(1시~3시)에 어둠에서 풀리며, 사람은 인시(3시~5시)에 잠에서 깨어난다'고 했습니다. 법음을 전하는 수행의식이기도 한 도량석의 목탁소리는 약한 음에서 서서히 높은 음으로 올리다가 내리기를 아홉 번 정도 반복합니다. 일체중생이 갑자기 놀라지 않도록 배려하지요. 골 깊은 강원도 오대산 월정사, 그곳에서 산사의 하루는 이렇게 시작됩니다.

새벽예불이 끝나면 월정사가 자랑하는 전나무 숲길을 걷습니다. 손전등이나 핸드폰 등 인공의 빛을 배제하고 별빛에 의지하며 깜깜한 어둠 속을 걸으면 시각이 제 기능을 못 해서인지 청각과 기타 감각이 활짝 열립니다. 개울물 소리와 다람쥐의 걸음 소리까지 들립니다. 운무가 가득하고 물 소리만 들리는 전나무숲길은 신비로움의 극치이고, 청량한 새벽공기는 가슴 속에 가득 채워져 있

학교와 학원에 쫓기는 아이에게 일상을 잠시 내려놓는
'쉼[休]'의 시간은 어쩌면 어른들보다 더 필요할지도 모릅니다.

는 탁한 공기와 잡념, 그리고 번뇌를 씻어주어 머리가 맑아집니다. 그렇게 서서히 밝아오는 전나무 숲길을 어떻게 형용해야 할까요?

일주문에서 되짚어오는 길은 묵언(默言, 아무 말도 하지 않고 사색하며 걸음)의 길입니다. 많은 생각을 하게도 하고 아무 생각을 안 하게도 합니다. 세속에 있으면 꿈나라를 헤매며 절대 보지 못할 광경과 느끼지 못할 감흥, 깨우지 못할 감각들이 살아나니 진정 자연 속에서 오롯이 '나'를 느껴보는 시간입니다.

새벽 찬바람과 전나무 향을 만끽하며 돌아오면 아침 공양이 기다립니다. 가부좌를 하고 앉아 죽비 소리를 따라 발우를 폅니다. 음식은 먹을 만큼만 담아, 남거나 모자라지 않게 합니다. 소리 내지 않고 꼭꼭 씹어 공양한 뒤 김치나 단무지 한 조각을 남겨 그릇을 모두 깨끗이 닦아 퇴수까지 말끔히 먹습니다.

퇴수는 아귀에게 공양할 음식인데, 아귀의 몸은 태평양만 하지만 목구멍은 바늘구멍보다 작아 항상 배고픔에 기갈이 든 귀신입니다. 이들은 불가에서 공양하고 남은 퇴수를 먹는데 음식 찌꺼기가 있으면 목에 걸려 목구멍에 불이 나면서 엄청난 고통을 주니 음식을 남기는 것은 배고픈 아귀에게 엄청난 악업을 짓게 되는 것이지요.

발우공양이 끝난 발우는 처음에 받았던 모습대로 깨끗합니다. 설거지가 필요치 않습니다. 심각한 사회문제로 대두되고 있는 음식낭비와 환경오염으로 인간의 생존권이 위협받고 있는 이때 쌀 한 톨, 밥 한 알도 함부로 버리지 않고 환경오염을 미연에 방지하는 발우공양은 참으로 환경 친화적인 식사법입니다. 이 모든 것은 '처음처럼' 흔적이 남지 않게 하고, 좋은 것은 남에게 나쁜 것은 나에게로 향하게 하며, 다른 사람을 먼저 배려하는 마음이 기본입니다.

인근 사찰을 돌아보거나, 울력을 하거나, 명상을 하는 등 적당히 몸을 움직이고, 일찍 자고(9시), 일찍 일어나고(3시), 채식 위주의 절밥으로 공양하면 몸이 가볍고 마음이 맑아집니다. 자연환경과 불교문화가 어우러진 사찰, 그곳에서 스님과 수행자의 일상을 체험하며 몸과 마음의 휴식을 얻는 템플스테이는 종교를 떠나 참으로 권하고 싶은 여행 프로그램입니다. 학교와 학원에 쫓기는 아이에게 일상을 잠시 내려놓는 '쉼(休)'의 시간은 어쩌면 어른들보다 더 필요할지도 모릅니다. 이번 주말 아이와 함께 템플스테이를 다녀오세요!

INFO

템플스테이
강원도 월정사를 비롯해 충남 마곡사, 서산 부석사 등 전국 사찰에서 템플스테이를 운영한다. 참여하는 사찰마다 프로그램이 다르며 1박 2일 혹은 2박 3일 동안 사찰에 머물면서 새벽예불과 참선, 다도, 발우공양 등을 함께 할 수 있다(문의전화 02-2031-2000, www.templestay.com).

MOM's Travel Tip

아이와 함께 가기 좋은 추천 템플스테이

하나. 공주 영평사 추천 4~6세
2014년 템플스테이 최우수 사찰로 지정된 영평사는 아담하고 아늑해 어린 자녀와 머물기 좋다. 108배, 사찰음식 만들기 등의 프로그램이 있고 구절초가 피는 가을에는 사찰 전체가 구절초로 뒤덮여 더욱 멋진 시간이 된다. www.youngpyungsa.org

둘. 속리산 법주사 추천 8~10세
팔상전과 쌍사자석등 등 국보가 3점, 보물이 12점, 지방유형문화재 22점 등 법주사는 문화재가 많은 사찰이다. 템플스테이와 더불어 우리 문화재를 만날 수 있는 좋은 기회다. www.beopjusa.org

셋. 예산 수덕사 추천 7~9세
수덕사의 대웅전은 우리나라에서 가장 오래된 고건축물 중 하나이며, 고건축의 아름다움을 잘 대표하는 국보 49호이다. 700살 넘은 옛집으로, 특히 옆모습이 아름다우니 꼭 봐두어야 한다. 명상, 108개 염주 꿰기 등의 프로그램이 있다. www.sudeoksa.com

넷. 강화 연등선원 추천 9~12세
명상을 위해 외국인들이 많이 오는 곳으로 운영하는 스님 중에 외국인이 많다. 명상과 마을을 걷는 포경, 붓과 먹으로 글씨를 따라 쓰는 사경이 독특하며 이 모든 것을 외국인들과 함께 할 수도 있어 아이들에게 좋은 경험이 된다. www.lotuslantern.net

"순간 순간 사랑하고 순간 순간 행복하세요.
그 시간이 모여 당신의 인생이 됩니다."

– 혜민 스님 –

영상이 익숙한 아이에게는
어떤 여행이 좋을까요?

\# 영화체험 여행

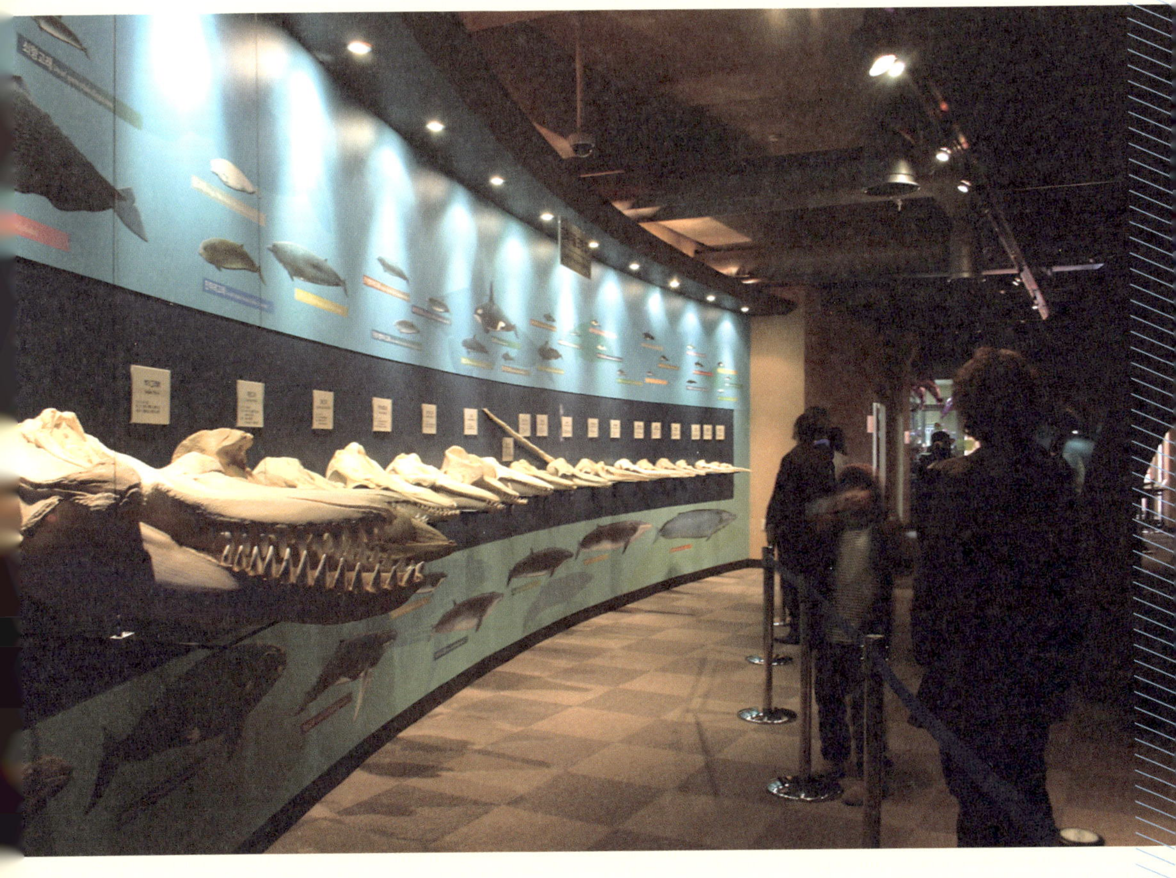

아이들과 함께 영화 보는 것을 즐기시나요? 어떤 영화를 즐겨 보시나요? 애니메이션도 좋고 가슴 훈훈한 가족영화도 많이 있습니다. 여기 재미있는 영화를 보고 영화여행을 하면서, 흥미와 깊이를 더할 코스 하나를 추천해봅니다. 주제는 '고래'입니다.

아이들은 고래를 참 좋아하는데요. 혹시 2014년 개봉한 영화 〈해적 : 바다로 간 산적〉을 보셨나요. 영화의 주요 등장인물 중 하나가 바로 고래입니다. 그것도 한국귀신고래죠. 귀신고래, 이름이 참 재미있는데요. 귀신같이 생긴 건 아니고 귀신같이 나타났다가 포경선을 피해 귀신같이 숨는다고 해서 귀신고래입니다. 태평양에는 두 종류의 귀신고래가 사는데 이중 서쪽에 사는 한국귀신고래는 여름에 오호츠크 해에서 살다가 겨울이면 우리나라 남쪽으로 내려와 새끼를 낳습니다. 그곳이 바로 울산의 장생포입니다.

영화를 보면 중국에서 사신이 받아온 국새를 한국귀신고래가 꿀꺽 삼킵니다. 큰일이 났습니다. 이 고래를 잡기 위해 해적, 산적, 관군이 모두 가담하게 되는데요. 해적이었다가 산적이 된 영화배우 유해진이 산적들에게 고래를 설명하는 장면이 아주 재미있습니다.

산속에 살기에 고래를 전혀 모르는 이들에게 고래가 아주 크다고 하니 "커봤자 물고기, 생선 아니겠느냐"고 비웃습니다. 사람들을 빙 둘러 동그라미를 그리고, 그것이 고래의 한 쪽 눈알이라고 하니 또 안 믿습니다. 코가 목덜미에 붙어 물 밖으로 나와 숨을 쉬면 물줄기가 하늘로 치솟는다는 얘기는 더욱 황당하다 합니다. 거짓말하지 말라면서 "그러다가는 고래가 새끼를 낳아 젖을 먹이겠다고 뺑도 치겠다"며 웃습니다. 고래는 포유류라 진짜로 새끼를 낳아 젖을 먹이는데 말입니다. 아이들과 같이 보면 정말 즐거울 장면입니다.

영화에서 한국귀신고래는 중요한 장면에 등장합니다. 바다를 노니는 모습, 새끼를 감싸는 모습, 여주인공인 손예진과 만나는 모습 등이 참으로 섬세하게 표현되었습니다. 장생포 앞바다에 살던 귀신고래를 CG(Computer Graphics)로 재탄생시킨 것이지요. 이렇게 한국귀신고래가 선연히 재연된 것이 감사하고 놀랍기만 합니다.

이제 장생포로 고래여행을 떠나볼까요? 장생포에 가면 고래박물관이 있습니다. 들어서면 2~3층을 아우르는 거대한 고래 뼈에 압도당하는데요. 수염고래류의 브라이드 고래 뼈입니다. 2층에 올라가면 13.5m에 이르는 거대한 한국계 귀신고래의 모형이 있습니다. 몸에 따개비를 잔득 단 모습인데 천천히 바닥 가까이를 이동하며 먹이를 먹기에 따개비가 붙어산다고 합니다. 커다란 배 밑에서나 따개비가 붙어 있는 것을 본 적이 있는데 신기합니다.

한국귀신고래는 유난히 모성애와 가족애가 강합니다. 새끼가 작살에 맞으면 부모가 새끼 곁을 빙빙 돌다 잡히기도 하고, 암컷이 죽으면 수컷이 곁을 지키다가 함께 잡히곤 한답니다. 영화 〈해적〉에서도 국새를 먹은 어미를 잡기 위해 새끼를 이용하지요. 이렇게 영화 속 내용과 고래의 생태가 연계됩니다.

고래박물관에서 고래의 기름을 짜는 장면을 재현해놓은 곳과 고래턱뼈를 모아놓은 곳, 고래 잡던 마지막 포경선 진양호의 모습도 볼 수 있습니다. 1986년 국제포경위원회의 결정에 따라 고래잡이가 전면 금지되면서 볼 수 없는 포경선의 생생한 현장입니다.

고래생태체험관에는 우리나라 최초의 돌고래 수족관이 있어 헤엄치는 돌고

래를 눈앞에서 볼 수 있습니다. 디오라마로 포경과정을 실감나게 볼 수 있고, 4D 영상관에서는 고래와 함께 실제로 바닷속을 떠다니는 듯한 기분을 느낄 수 있습니다.

배를 타고 바다로 나가 고래를 볼 수도 있습니다. 장생포항에서 북동쪽으로 전진, 16km 정도 떨어진 곳이 고래가 많이 다니는 길입니다. 4~10월에 운영되는 고래 바다여행선을 타면 됩니다. 희귀종인 귀신고래가 자주 출몰하는 장생포 앞바다는 울산귀신고래회유해면(천연기념물 제126호)으로 지정되었으며 우리나라에서 특정 바다가 천연기념물로 지정된 유일한 곳입니다.

고래들의 놀이터에서 고래 해설사의 재미있는 이야기를 듣다 보면 바다 위로 솟구쳐 오르는 참돌고래가 장관을 이루기도 하지요. 운이 좋으면 2000여 마리가 떼를 지어 이동하는 모습도 볼 수 있으니 아이들이 마구 소리를 지르며 좋아합니다. 거리로 나오면 고래고기 파는 집들이 있습니다. 포경이 금지되었기에 그물에 걸려 죽은 고래로 재료를 조달합니다.

이렇게 영화와 박물관, 생태관과 더불어 배를 타고 고래를 직접 보러가는 연계 여행은 한 가지 테마에 집중하고, 한 분야를 깊이 파보는 계기를 만들어주는 좋은 여행법이라 할 수 있습니다. 여행 전이나 후에 한국귀신고래에 대해 아이들과 찾아보면 더욱 좋습니다. 아이들이 좋아하는 두 가지, '영화+여행'으로 흥미를 배가시켜 보세요.

MOM's Travel Tip

아이와 영화를 보고 떠나기 좋은 여행지

하나. 영화 〈국제시장〉 ↔ 부산 국제시장 추천 8~11세

〈국제시장〉은 1950년대 한국전쟁 이후부터 현재까지의 한반도 역사가 정리되는 작품으로, 부산시 창선동 국제시장이 영화의 배경이다. 광복 이후 전시물자를 팔며 시작된 국제시장은 정감 있는 부산 재래시장 중 하나로 영화 속 '꽃분이네'는 일약 관광명소가 되었다.

둘. 영화 〈명량〉 ↔ 전남 진도 울돌목 추천 7~9세

〈명량〉은 세계 3대 해전 중의 하나이며 13척의 배로 133척의 왜적을 물리친 이순신 장군의 활약상을 볼 수 있는 멋진 영화다. '명량(鳴梁)'은 우리말로 '울돌목'으로 물길이 휘돌아 나가는 바다가 마치 우는 소리를 내는 것처럼 들려 붙은 이름이다. 진도대교, 진도타워, 녹진전망대, 해남의 우수영관광지 등을 함께 돌아 보면 좋다.

셋. 영화 〈사도〉 ↔ 수원화성, 융건릉, 용주사 추천 9~12세

〈사도〉는 영조와 사도세자를 다룬 역사물로, 정조임금은 억울하게 죽은 아버지, 사도세자를 그리며 수원화성을 만들었다. 사도세자, 정조가 잠든 융건릉을 돌아보고 효심으로 지은 사찰 용주사도 들러보자.
www.swcf.or.kr

넷. 영화 〈인터스텔라〉, 〈마션〉 ↔ 강화 옥토끼 우주센터 추천 8~10세

우주 공상과학 영화를 보았다면 강화도 옥토끼 우주센터에서 우주인 체험으로 우주에 대한 호기심을 한 단계 높일 수 있다. 무중력 상태에서 벽에 몸을 묶고 잠을 자는 것을 보고, '사이버 인 스페이스', '중력 가속도 체험' 등 우주인의 우주활동을 경험해볼 수 있다. www.oktokki.com

10 TRAVEL

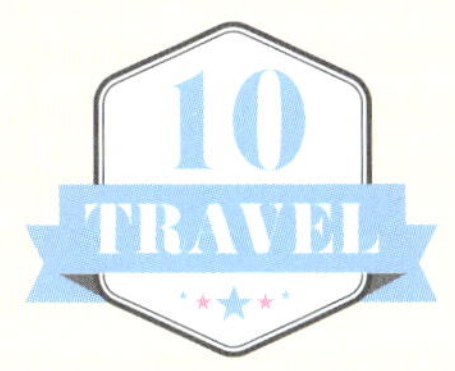

삼대가 함께 떠나는 여행,
어디가 좋을까요?

삼대 가족여행

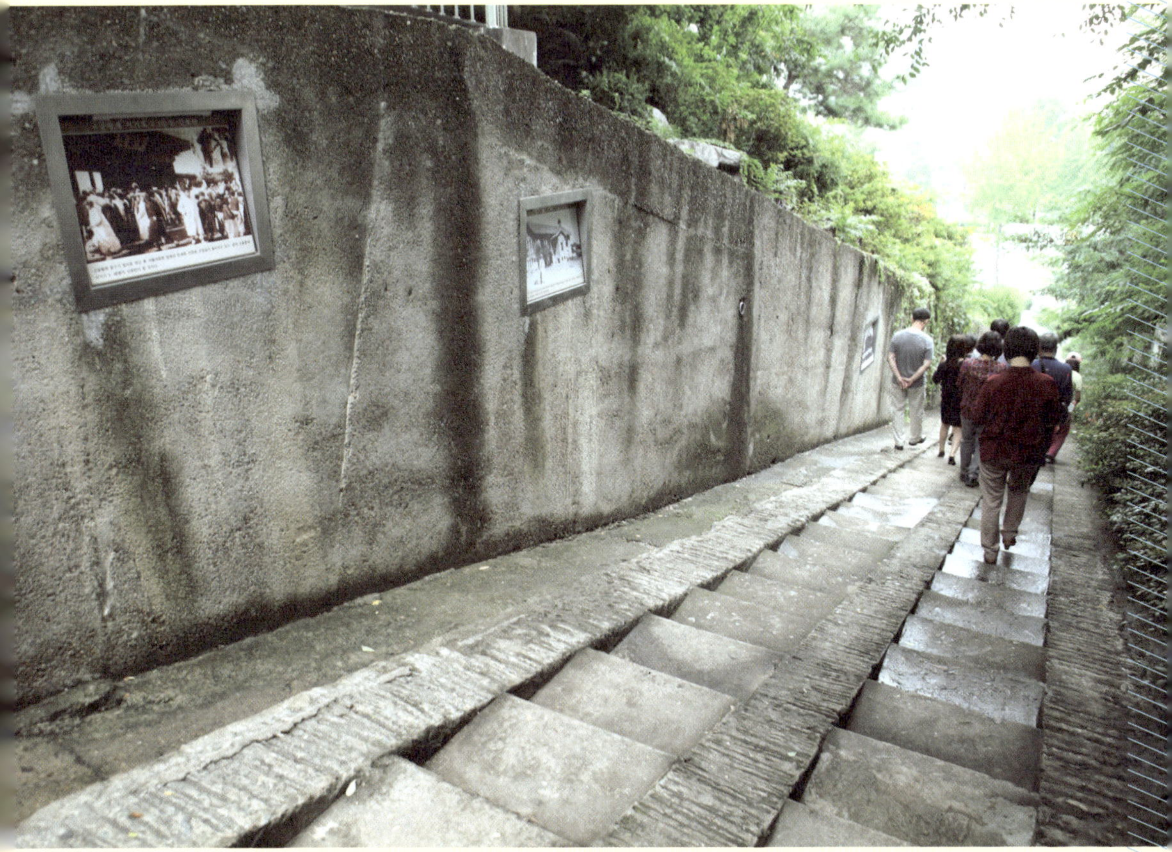

지난 명절에 질문을 받았습니다. 가족여행으로 어디가 좋겠느냐고요. 여기에서 '가족'은 어린 자녀는 물론이고, 부모님도 모시고 가는 여행입니다. 다시 말해 '삼대여행'이라는 뜻이지요. 삼대여행이라……, 연령층이 다양하면 여행지 선택이 어렵습니다. 70대 어르신들과 40대 부부, 그리고 초등학교 아이들까지 모두의 취향과 동선 등을 고려해야 하니 쉽지 않습니다. 어디를 가면 좋을까요?

할머니 할아버지를 모시고 어린 자녀들을 챙기며 가는 여행은 기본적으로 여유가 있어야 합니다. 빡빡한 일정은 어르신이나 아이들이 소화하기 어렵습니다. 또 만일의 사고를 대비해 편의시설이 어느 정도 있는 곳이 좋습니다. 여기에 아주 중요한 요소가 하나 더 있습니다. 분명 어르신들은 괜찮다며 어린 자녀 위주로 움직이라고 하시겠지요. 그러나 부모님도 즐거워야 합니다. 아니, 더 즐거워야 합니다.

그럼 여기는 어떨까요? 남해 독일마을과 대구 근대골목입니다.

남해 독일마을은 1400만 관객을 동원한 영화 〈국제시장〉과 연관된 곳입니다. 영화에 1960년대 독일로 갔던 광부와 간호사가 등장합니다. 아이들은 잘 모르는 역사적인 일이었는데, 영화를 통해 이제는 잘 압니다. 남해 독일마을은 영화 속 주인공들, 그러니까 독일로 갔던 광부와 간호사들이 돌아와 정착한 곳입니다. 독일식 집과 정원과 살림살이가 그림같이 예쁜 곳이지요.

만약 부모님이 그때 독일에 가셨던 분이거나 친척, 혹은 아는 사람이 독일에 갔었다면 그 얘기를 생생하게 들려주실 겁니다. 아이들은 영화 속 이야기를,

우리의 역사를, 실감나게 듣겠지요. 꼭 역사가 아니어도 경치가 예쁘고 근처 해오름예술촌에 체험 프로그램이 많으니 어르신들과 아이들 모두 만족할 여행지입니다.

대구 근대골목도 이유는 비슷합니다. 오랜 역사를 자랑하는 대구는 다른 어느 지방보다 근대문화 유적이 많습니다. 6.25 전란의 피해를 입지 않아서인데 골목골목에 역사적 장소가 자리하고 있어 그저 골목을 돌아보는 것만으로도 역사공부가 되기에 아이들을 동반한 가족여행객이 많습니다.

더불어 대구광역시 중구청에서 실시하는 근대골목 투어는 해설사의 맛깔스런 설명이 더해지는 좋은 프로그램이죠. 약 2시간 코스인데 등록문화재 제15호 대한민국 근대문화유산으로 지정된 동산병원부터 시작합니다. 짝사랑 이야기를 바탕으로 이은상 씨가 작곡하고 박태준 씨가 작곡한 〈동무생각〉 시비가 서 있으며, 노랫말 속 청라언덕이 바로 이곳 동산언덕이죠. 해설사는 관련 이야기를 재미있게 들려주고 〈동무생각〉도 함께 부릅니다. 아이들은 그냥 부르지만 어르신들은 아마도 그 느낌과 의미가 다를 겁니다.

당시 가장 큰일이라면 3.1 운동을 들 수 있는데 서울에서 3월 1일 시작된 독립운동이 대구에서는 3월 8일부터 시작되었습니다. 동산병원에서 계산성당으로 가는 길이 '독립 만세'를 외쳤던 '3.1 운동길' 또는 '90계단 길'입니다. 이때의 이야기는 해설사보다도 할아버지 할머니가 더 잘 아시겠지요. 3.1 운동길 좌우 벽에는 3.1 운동에 대한 사진과 설명이 있으니 부모님이 해설사에게 오히려 해설을 해주실 수도 있을 겁니다. 당신들이 살던 시대의 이야기와 역사, 건물을 보며 옛 생각이 나고 젊었을 때의 추억이 떠오르실 것입니다.

흔히들 '효도여행'이라 하면 부모님을 모시고 온천에 가거나 맛난 것을 사드립니다. '몸'을 챙기는 것이지요. 하지만 이러한 삼대여행은 어르신들의 '마음'

을 챙기는 여행입니다.

자식과 손주들과 함께 여행하는 것이 좋고, 자식들이 당신들 시대의 이야기를 들어주는 것이 얼마나 기쁜 일일까요. 뭐든지 많이 알고 계신 분으로 손주들에게 할아버지 할머니의 모습이 거듭나는 것은 물론, 추억이 쌓이고 사이도 좋아지겠지요. 어르신들이 뒤처지는 것이 아니라 앞서 가시면서 흥이 날 것입니다. 아이들에게는 공부가 되고, 어르신들은 마음을 배려받고, 엄마 아빠는 자식이자 부모로서 어르신들과 아이들을 한꺼번에 챙길 수 있으니 일석이조입니다. 오랜만에 삼대여행 한 번 해보시기 바랍니다.

MOM's Travel Tip

삼대가 함께 떠나기 좋은 추천 여행지

하나. 태백 석탄박물관 추천 7~10세
석탄의 재료가 되는 광물부터 석탄 캐는 일, 연탄 만드는 일 등을 살펴볼 수 있는 곳이다. www.coalmuseum.or.kr

둘. 인천 수도국산달동네박물관 추천 6~8세
한국전쟁을 전후한 시대를 재현해놓았다. 구멍가게, 연탄가게, 이발소, 복덕방 등 정겨운 삶의 공간들이 전시되어 있고 체험이 가능하다. www.icdonggu.go.kr/museum

아이와의 걷기여행,
무엇이 좋은가요?

걷기여행

몇 년 전부터 걷기여행을 즐기는 분들이 많아졌습니다. 제주도의 올레길, 지리산의 둘레길 등 대한민국 곳곳에 걷는 길이 생겨나고 사람들은 너도나도 걷기열풍을 느낍니다. 여행에도 트렌드가 있어 한동안 체험여행이 유행이었고, 웰빙이 화두였는데, 걷기열풍이 여기에 동참했습니다.

원래 여행이란 것이 '여유'와 '되새김'의 시간이라 할 수 있습니다. 걷기는 현지에 사는 사람들과 최대한 접촉이 가능하고, 자신의 페이스와 성향을 고려해 계획하고 조절하며 여행을 할 수 있는 바람직한 여행법입니다. 더구나 구성원이 가족이라면 더없이 즐겁지요. 운동부족인 아이들, 대화부족인 아이들과 자연 속에서 긴장을 풀고 한 곳을 바라보며 나아가는 정말 좋은 여행법입니다.

그런데 걷기는 왜 하는 걸까요? 사람들은 왜 걷는 걸까요? 언제부터 걸었을까요? 아이들과의 걷기여행은 어떤 점이 좋을까요? 궁금하지 않을 수 없습니다. 그것을 알아내려면 천천히 걸어야 할까요?

인류가 두 발로 걷기 시작한 것은 백만 년 전부터입니다. 직립보행은 불의 발견과 더불어 인류문명을 참으로 많이 발전시켰죠. 요즘은 문명이 더욱 발달해 빠르고 편한 교통수단을 이용하게 되었고, 덕분에 걷기가 많이 줄었습니다. 그런데 빠르고 편하게 이동하는 것이 과연 좋기만 할까요? 빠른 교통수단을 이용하면서 얻는 것도 있지만 잃는 것도 분명 있을 겁니다. 무엇일까요? 천천히 걸어보면 그 답이 보이겠지요.

천천히 산책하듯 걷다 보면 평소 무심히 지나쳤던 나무나 돌, 혹은 풀꽃 같

은 사물이 눈에 들어옵니다. 마음에 여유가 생기기 때문이지요. 더불어 오감이 열리고 자연이 전하는 메시지를 받아들이게 됩니다. 이건 아주 중요한 부분이에요. 천천히 생각하고 정리할 수 있게 되는 것 말입니다.

예전부터 많은 문인들이 걷기를 즐겼습니다. 생각을 정리하기 위해 산책을 즐겼던 사람들로 철학자 아리스토텔레스, 교육철학자 장 자크 루소, 시인 아르튀르 랭보뿐 아니라 음악가 베토벤 등 일일이 열거하기 힘들 정도지요. 독일 하이델베르크에 가면 '철학자의 길'이 있습니다. 괴테는 물론 하이델베르크대학교에서 교편을 잡은 철학자 헤겔과 야스퍼스, 하이데거 등 많은 문인과 사상가들이 자주 찾았던 길입니다. 위대한 철학자 중 한 사람인 칸트는 하루도 빠짐없이 산책했던 걸로 유명합니다. 얼마나 규칙적으로 다녔던지 칸트가 집 앞을 지나가는 것을 보고 시간을 맞추었다는 일화가 잘 알려져 있지요.

이렇게 사람들은 걸으면서 자신의 생각과 철학을 정립합니다. 특히 고대 그리스의 위대한 철학자 아리스토텔레스는 틈만 나면 제자들과 걸으면서 토론하는 방식으로 철학을 가르쳤습니다. 덕분에 '소요학파(逍遙學派)' 또는 '산책학파'로 불렸습니다. 그는 대단한 걷기 예찬론자로 '걷기는 자연과 세상의 변화를 몸으로 느끼게 하는 가장 좋은 방법'으로 걷기를 통한 발의 자극이 인간의 신경과 두뇌를 깨치게 하고, 사고와 철학의 깊이를 더한다고 했습니다.

걷기는 생각하고 사색하는 훈련에 더할 수 없이 좋은 방법입니다. 걷는 동안 영감을 얻고 생각한 것을 정리해 후세에 업적을 남긴 사람도 많습니다.《택리지》를 쓴 이중환도,《금오신화》를 쓴 김시습도 모두 길에서 사상체계를 완성했고요. 서포 김만중은 남해 노도에서 유배 중 산책을 통해《구운몽》과《사씨남정기》를 집필했습니다. 수많은 저작을 남긴 다산 정약용도 강진 유배길에서《목민심서》를 구상했으니, 그야말로 걷기는 우리의 머리를 깨워주고 생각하는 힘을 길러줍니다. 그러고 보니 우리의 발이 최고의 생각 스승이었습니다.

한창 머리가 자라고 생각이 많아지고 자아가 생겨나는 시기의 아이들에게 그래서 걷기여행은 더욱 중요합니다. 학교에, 학원에, 핸드폰과 SNS 등 폭우처럼 쏟아지는 지식과 정보의 홍수 속에서 걷는 동안만이라도 생각을 정리할 시간이 필요합니다.

먹은 음식물들을 소화해서 영양분을 흡수하고 내보낼 건 내보내야 우리 몸이 건강하듯, '정보 비만'으로 힘들어하는 아이들에게 소화할 시간이 필요합니다. 그래야 받아들일 건 받아들이고 흘려보낼 건 보내겠지요. 어떠한 약과 음식보다도 걸어서 돌아다니는 것이 최고의 보약이라 했습니다. 머리와 마음뿐 아니라 몸을 위해서도 이번 주말엔 가까운 곳으로 아이들과 걷기여행을 권합니다.

MOM's Travel Tip

아이들과 함께 걷기 좋은 길

하나. 경주 파도 소리길 `추천 5~7세`
일명 주상절리 길이다. 화산에서 분출된 용암이 지표면에 흘러내리면서 식게 되는데, 식는 과정에서 규칙적인 균열이 생겨 단면의 모양이 육각형이나 팔각형으로 형성된다. 누워 있고 서 있고 부채꼴로 퍼지는 다양한 주상절리와 철썩이는 동해바다의 파도 소리를 따라 걷는 길이다.

둘. 괴산 산막이 옛길 `추천 9~11세`
화창한 날 작은 배낭 하나 메고 걷기 좋은 길. 담배 피우던 호랑이의 전설을 간직한 굴이 있고 굽이치는 물길이 친구하며 따라오는 길이다.

셋. 강화 나들길 `추천 8~12세`
'어서 오시겨'라는 강화도 인사말과 함께 다양한 코스가 준비되어 있다. 1코스는 역사가, 2코스는 염하가 주제이며 석모도 교동도까지 19개의 나들길 코스가 있다.

넷. 대전 계족산 황토길 `추천 6~8세`
아프리카 마사이족처럼 맨발로 걸으면 더욱 좋은 황토길이다. 1년에 한 번씩 맨발 걷기대회가 개최된다.

"약보(藥補)보다 식보(食補)가 낫고,
식보(食補)보다는 행보(行補)가 낫다."
- 허준《동의보감》저자) -

사회를 체험할 수 있는 여행지는 없나요?

사회체험 여행

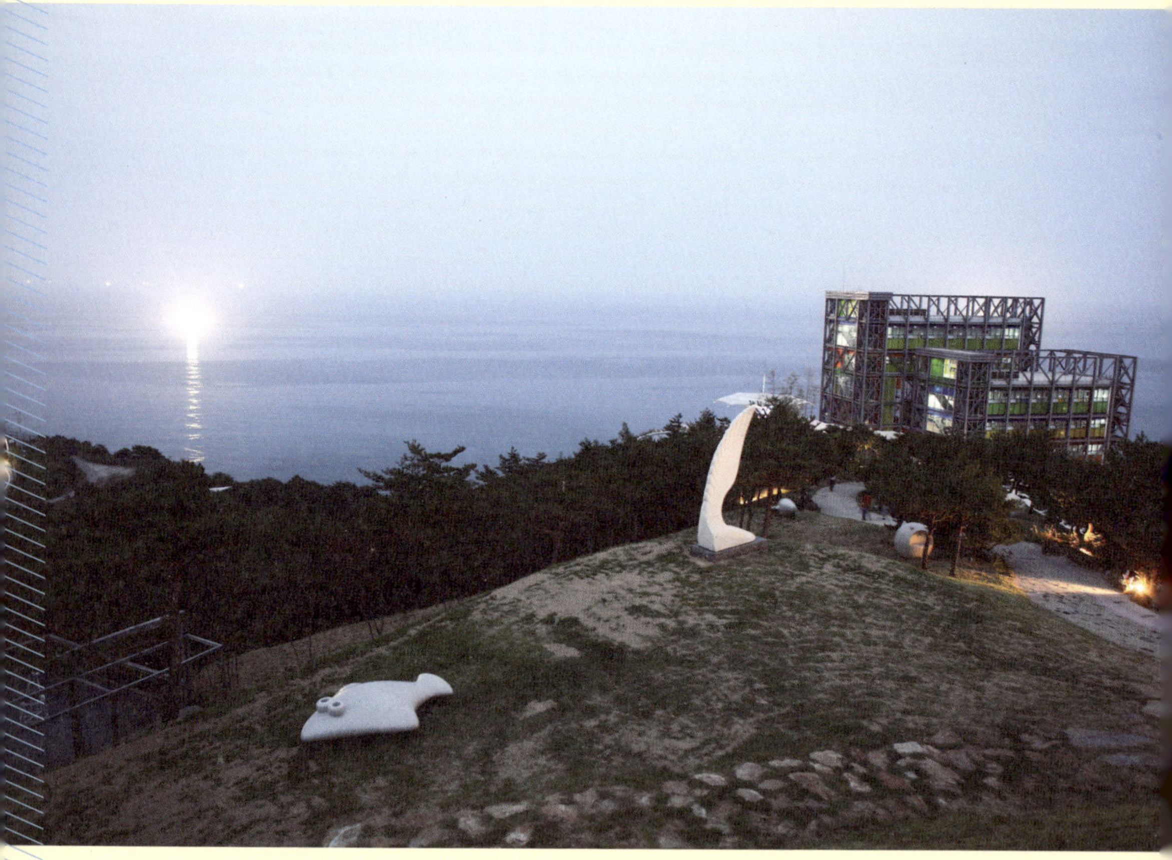

아이들과 오일장 나들이를 가보세요. 대부분의 오일장이 모두 비슷비슷한 분위기라 재미없다는 사람도 있지만, 아직은 오일장 돌아보는 재미가 있습니다. 전국 방방곡곡의 오일장 중 어디가 좋을까요? 제게 한 곳 추천하라고 한다면 '송정 오일장'을 꼽고 싶습니다.

송정 오일장이 서는 곳은 광주광역시입니다. 대도시이면 백화점과 마트 등 대형 쇼핑 공간이 많이 있을 텐데도 광주광역시에 오일장이 있습니다. 아직도 건재하며 규모도 제법 크다고 해서 도심 속 오일장이 궁금했습니다.

아침 일찍 송정장으로 향했지요. 보통 시골 오일장은 아침 일찍부터 시작해 점심쯤이면 파장 분위기니까요. 그래서 서둘렀는데 이게 웬일입니까? 9시 쯤 도착했는데 아직 시장이 조용합니다. 점심이 되어야 본격적인 시장이 열린다고 하더군요. 그렇습니다. 도심의 오일장은 도심의 성격과 분위기에 맞춰 마트나 백화점이 문 여는 시간과 비슷하게 문을 연다고 합니다. 오일장의 도심화, 도시에서 오일장 살아남기! 이렇게 해석해야 할까요?

송정 오일장도 다른 지역의 오일장과 별반 다르지는 않습니다. 고무함지를 늘어놓고 물건을 파는 행상과 먹을거리, 북적이는 장터의 분위기. 그렇다면 송정장에서는 무엇을 봐야 할까요? 장의 유래를 살펴보면 뭔가 나올지도 모르겠습니다.

예나 지금이나 역사책에 등장해 아이들이 달달 외우는 4대 문명 발상지처럼 광주도 강을 끼고 있습니다. 그 이름은 '황룡강'입니다. 황룡강에서는 바람에 의해 움직이는 풍선(風船), 그러니까 거룻배가 떠다니며 물건을 날랐습니다. 선암나루에 배가 도착하면 물건을 받아 광주로 가져갔으니, 장돌뱅이를 비롯한 많은 사람들이 선암나루에 모여들어 물건을 싣고 내리고, 팔고 사고하며 장이 형성되었습니다. 선암나루에서 생긴 장이라 '선암장'이라 했습니다. 이후 시간 이 흘러 일제 강점기가 되면서 철도가 놓이고 광주에 송정리역이 생겼습니다.

"물건을 나르는 데 배를 이용할 수도 있고 기차를 이용할 수도 있게 되었네. 맘대로 고를 수 있다면 무엇을 이용할래?"

아이들에게 질문을 해보세요. '배다', '기차다' 하고 의견이 분분합니다. 이번 에는 이유를 물어봅니다.

"한 번에 많은 물건을 나를 수 있는 기차가 나아요."

"배는 사고가 나면 물건이 모두 물에 빠져서 못 쓰지만 기차는 그래도 건질 게 있잖아요."

"기차는 물건을 제시간에 전달할 수 있어요."

이유를 대다 보니 아이들이 논리적으로 사고를 하게 되네요. 그리고 마음은 자연스레 기차 쪽으로 기웁니다. 그렇습니다. 광주 사람들은 이제 배를 이용하 지 않고 기차를 이용합니다. 대세에 의해 '갈아탄' 것이지요. 그럼 배 주인은 어 찌 될까요? 물량이 줄어드니 운행이 원활하지 않습니다. 고용했던 사람을 내 보내야 하고 급기야는 배를 팔아야 합니다. 헐값이 되어버린 배를 누가 살지 안타깝습니다.

딸아이가 이야기합니다.

"배 주인이 불쌍해요."

아들은 이야기합니다.

"거봐, 그러니까 빨리 갈아탔어야지!"

남자 아이들의 뇌구조는 여자 아이들보다 사업적인 것 같습니다. 물건 운반이 배에서 기차로 바뀌면서 선암나루의 장은 점점 사그라지고, 송정역 주변에 송정장이 형성되었습니다. 한 달에 6번 열리는 것이 오일장인데 송정장은 한 달에 12번이나 열리며 맹위를 떨칩니다.

"비를 안 맞아도 되고, 카트를 밀고 다니기도 좋고, 화장실이 깨끗하고, 시식 코너가 있고, 직원들이 친절하고……."

시장을 걸으며 물으니 아이들은 시장보다 마트나 백화점이 좋다고 합니다. 좋아하는 이유가 50가지는 될 듯합니다. 오죽하면 친구 아들은 장래의 꿈이 '고객님'이 되는 것이라 하네요. "고객님, 감사합니다. 고객님 또 오세요, 고객님~ 고객님~"

마트와 백화점이 더 익숙하고 편한 우리 아이들은 그 옛날 시장이 있던 시절과 얼마나 다르게 살고 있을까요? 사회시간에 배운 것들이 있습니다. 시장의 역할에 대해 알아볼까요. 그 첫째는 구매자와 판매자가 만나는 장소라는 것입니다. 시장이 그러하고 마트와 백화점이 그러합니다. 다른 점이 있다면 시장은 긴 시간에 걸쳐 자연 발생하였고, 마트나 백화점은 자본력을 투입해 건물을 짓고 물건을 들여 인위적으로 형성한 것이지요.

두 번째, 시장은 정보전달의 장소입니다. 어르신들은 닷새마다 열리는 장에서 소식과 정보를 얻었습니다. 장보기도 중요하지만 '한양에 정변이 났다'와 같은 세상 이야기를 듣기 위해 장에 갑니다. 우리도 백화점에서 새로 생긴 영어학원 등 이런저런 정보를 교류합니다.

세 번째, 시장은 문화예술의 장소입니다. 사람들은 장날에 장돌뱅이의 입담과 각설이, 사당패의 공연을 보며 피로를 풀고 문화생활을 즐겼죠. 인위적으로 생성된 백화점과 마트도 이 부분을 간과할 수 없었습니다. 문화센터를 만들어

노래교실, 요리교실, 교양강의를 진행합니다. 우리가 옛날 사람들과 아주 다른 형태로 살고 있는 것 같았는데, 따져보면 그렇지만도 않습니다.

옛날의 장터가 지금의 마트와 백화점이 되었고, 교통수단은 거룻배에서 기차로 변해 지금의 모습이 되었습니다. 그렇다면 우리 아이들이 자라 직업을 갖고 생활하며 살아갈 30~40년 후에는 사회가 어떤 형태의 유통 시스템으로 움직일까요?

미국 사람들이 주말에 몰려가던 아울렛의 풍경이 이미 한국에 들어왔고, 무척 마음에 들었던 일본의 생활용품 판매점, 다이소가 한국 곳곳에 자리합니다. 그 흐름을 읽었다면, 만약 제가 사업가였다면, 먼저 시도했다면, 성공했겠지요. 이렇게 세상의 흐름을 읽는다는 것은 삶에 있어서 '성공' 혹은 '도태'와 연관됩니다.

아이들은 사회 교과서에서 교통시설의 발달에 따른 사회의 변화를 배웁니다. 교실에서의 피상적인 수업보다 시장에서 몸으로 시대의 흐름을 느껴보고 이야기를 해본다면 세상의 흐름과 미래 예측이 조금 더 쉽게 느껴질 것입니다. 대학을 잘 가고, 대기업에 취직한다고 해서 아이의 일생이 보장되는 시대는 지났습니다. 예측 불가능한 미래의 복잡다단한 흐름 속에 있을 아이들이니, 논리적인 추측으로 시대의 흐름을 읽는 법을 익혀야 합니다. 스스로 시대를 읽는 힘을 길러야 합니다. 오일장 나들이가 그런 체험학습의 시작이 되어줄 겁니다.

이야기가 있는 시골장 추천

하나. 한산오일장 `추천 11~13세`

충청남도 서천군 한산 지방에서 나는 모시는 품질이 매우 좋다. 한산모시를 사고파는 장이 새벽에 열렸는데, 이때 모여든 사람들 때문에 한산오일장이 유래했다. 대장간과 양조장이 그대로이고 석박지를 곁들인 장터국밥이 유명하다. 인근에 한산모시관(www.hansanmosi.kr)이 있으니 들러보자. 매월 달력의 끝자리가 1일과 6일인 날 장이 선다.

둘. 봉평오일장 `추천 9~11세`

봉평장은 이효석의 소설 《메밀꽃 필 무렵》에 등장하는 장으로 매월 끝자리 2일과 5일에 서는 장이다. 장터에서 메밀 음식을 먹고 이효석문학관을 들러보자. 가을에는 효석문화제가 열린다.

셋. 정선오일장 `추천 7~10세`

정선은 아라리의 고장. 정선장에서는 정선 지역 주민들이 엮어내는 아라리 공연을 볼 수 있고 장터에서 올갱이 국수 등 아라리를 부르던 사람들의 먹거리를 만날 수 있다. 정선오일장 꼬마열차를 이용하면 더욱 재미있다. 매월 끝자리 2일과 7일에 장이 선다.

넷. 화개장 `추천 6~8세`

전라도와 경상도 사이에 위치, 두 지역이 하나가 되는 장으로 다양한 물건을 사고파는 곳이었다. 여기서 유래한 노래 〈화개장터〉가 널리 불렸다.

"물고기를 주는 대신 물고기 잡는 법을 가르쳐라."

- 유대인 속담 -

13
TRAVEL

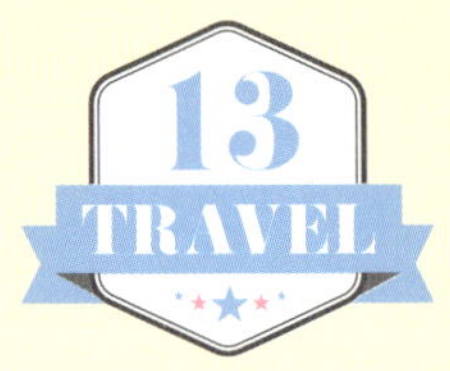

새학기 맞이 여행, 어디가 좋을까요?

겨울방학 여행

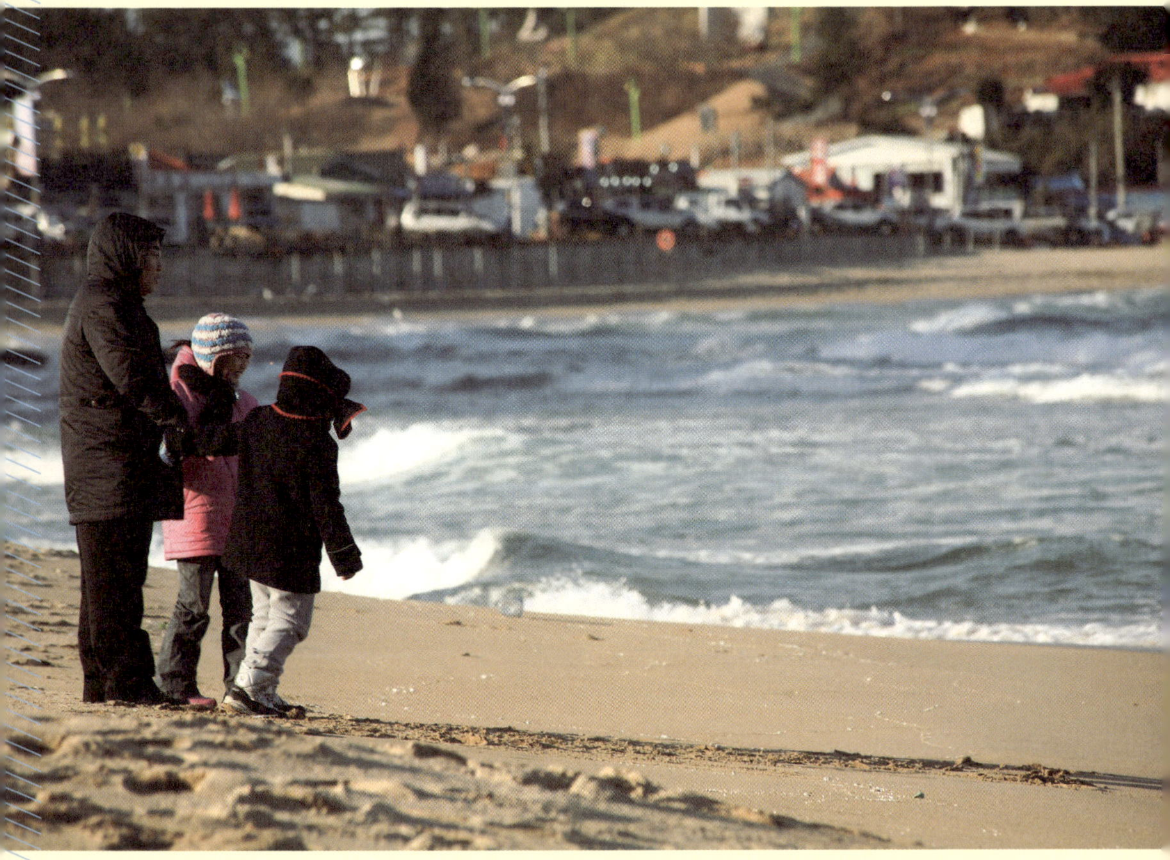

여름방학에 비해 겨울방학은 깁니다. 어떻게 하면 알차게 보낼 수 있을까요? 방학을 맞은 부모들의 한결같은 고민일 것입니다. 몸도 마음도 쑥쑥 클 수 있도록 겨울방학을 잘 보내야 할 텐데 말입니다.

아이가 소극적이고 딱히 원하는 장소가 없다면 시원한 동해바다가 어떨까요? 뼛속까지 시원해지는 동해의 푸른 물결과 파도를 보면서 두런두런 이야기를 나누어보는 것이 좋겠습니다. 이제 한 살을 더 먹고 한 학년 올라가니 새해에 대한 희망과 작은 소망, 다짐 등을 이야기해보는 것이지요.

"엄마는 내년에 책을 좀 더 열심히 보고 싶은데 우리 아들은 어때?"

"아빠는 새해에 팔굽혀펴기 10개씩! 꼭 할 거야."

부모가 먼저 자신의 이야기를 하면서 분위기를 잡고 자녀에게도 슬쩍 물어보면 좋겠습니다. "사랑하는 우리 딸은 커서 무엇이 되고 싶어?" 하고 장래희망도 들어보고요.

그렇다면 동해 어디를 가면 좋을까요? 제가 추천하는 여행은 '드래곤 투어(Dragon Tour)'입니다. 우리말로 하면 '용 여행'쯤 될까요? 어감이 좀 우습긴 하지만 용꿈을 꾸면 기분이 좋죠. 그러니 용 여행을 다녀오면 한 해가 좋을 것입니다.

드래곤 투어는 역사여행도 곁들이는 코스로 그 시작은 동해구(東海口)입니다. 경주의 대종천이 흘러 동해바다와 만나는 동해의 입구가 동해구입니다. 그렇다면 동해구에는 무엇이 있을까요? 사적 제158호로 지정된 경주 문무대왕릉이 있습니다. 흔히 대왕암으로 불리는 문무대왕릉은 동해구 봉길 해변에서 200미터 정도 떨어진 바다 속 수중릉입니다. 동서남북으로 십자형 수로가 나 있어 동쪽에서 파도를 따라 들어온 바닷물이 돌을 약간 덮을 정도로 잔잔하게 흐르다 서쪽의 수로를 통해 빠져나가지요. 물론 해안에서는 잘 보이지 않습니다만 가운데에 길이 3.7미터, 너비 2.06미터의 넓적한 거북모양의 돌이 덮여 있는데 이 안에 문무왕이 안치되어 있다고 합니다. "나 죽어 동해바다를 지키는 용이 되리라." 했던 바로 그 문무왕의 능이죠.

아버지 태종무열왕에 이어 백제와 고구려를 제압한 후 당나라까지 몰아내며 삼국통일을 이루었던 신라 제30대 임금 문무왕은 진정한 리더입니다. 대부분의 왕릉이 경주 시내에 커다란 봉분으로 편안하게 자리하고 있는데, 문무대왕릉만은 춥고 매서운 겨울바람 속에서 하루 24시간 파도를 헤치며 동해바다를 지키고 있습니다. 세상 어디에도 이렇게 바다 속에 왕이 자리한 경우는 보지 못했습니다. 고구려와 백제, 그리고 당나라까지 해결을 했지만 왜구만은 정리되지 않았기에 마지막 순간까지 아들과 아들이 지키는 나라를 염려해 그리했을 것입니다. 진정한 '아버지의 마음'입니다.

문무대왕릉에서 칠십 보 거리에는 이견대가 있습니다. 문무왕이 용으로 변한 모습을 보았다는 곳이며, 문무왕의 아들인 신문왕이 만파식적(萬波息笛, 거센 물결을 잦아들게 하는 피리)을 얻은 곳으로 알려져 있죠. 만파식적은 죽어서 해룡이 된 문무왕과 천신이 된 김유신의 선물로 한 번 불면 적병이 물러가며, 질병이 낫고, 가뭄에는 비가 오고 장마일 때는 비가 개고, 바람이 가라앉고 파도를 그치게 하는 전설적인 피리랍니다. 요즘에도 이런 피리가 있으면 좋겠네요.

차를 타고 한 번 이동하면 감은사지가 나옵니다. 문무대왕이 부처의 힘을 빌려 왜구의 침입을 막고자 짓던 사찰이었습니다. 하지만 절이 다 지어지기 전에

문무왕이 승하하니 그의 아들 신문왕이 부왕의 뜻을 이어 절을 완성했고, 현재는 건물터와 탑 두 개만 남아 있습니다. 1959년 감은사지를 발굴조사한 적이 있는데 특이한 점이 하나 발견되었지요. 금당 뜰 아래에 동쪽을 향한 배수로 같은 구조가 있었습니다. 동해의 용이 된 문무왕이 이 수로를 통해 감은사 금당 밑에 들어와 쉬게 하기 위함이었다고 추측합니다. 아들인 신문왕의 효와 감사인 셈입니다.

1300년 전, 동해의 용이 되었다는 문무왕의 동화 같은 역사 이야기를 따라 발길은 동해바다의 용이 된 자리, 문무대왕릉 → 용이 된 아버지 문무왕을 본 곳, 이견대 → 용이 된 아버지를 쉬시라 수로를 마련한 감은사지로 이어집니다. 자연스럽게 태종무열왕–문무대왕–신문왕으로 이어지는 통일신라의 가장 중요한 때의 왕과 업적, 효심, 당시의 외교상황, 그리고 아버지와 아들의 따뜻한 이야기를 아이들은 배울 수 있겠지요.

틀에 짜인 듯 친절한 가이드의 설명을 듣는 것도 좋지만 자유롭게 이런저런 이야기를 짜 맞추어 보는 것도 재미있습니다. 용 얘기를 나누며 십이간지와 해당 동물을 짝짓기해 보세요. 그렇게 가족간에 웃음이 번지는 여행이 종합적인 체험학습이며 맞춤학습이니까요.

여기에 감포항의 따끈한 복국 한 그릇을 곁들이면 어떨까요? 이맘때 동해의 복국이 제철임을 알게 하는 신토불이 교육도 곁들여집니다. 뜨끈한 새해의 복국을 먹으며 "이건 그냥 복국이 아니고 복(福)국이야." 하고 동음이의어를 만들어 재치와 웃음을 나누어보세요. 더불어 우리의 정서와 용에 대해 생각해봐도 좋겠습니다. 왜 하필이면 문무왕은 용이 되셨을까요?

아이의 감성창고를
채워주고 싶어요!

감성여행

한해가 마무리되고 시작되는 연말연시, TV가 떠들썩합니다. 동해안은 일출 관광객들로 발 디딜 틈이 없지요. 헬기로 생중계하는 TV 화면 속에서 사람들은 카메라를 보며 손짓하고, 언 몸을 녹이라고 커다란 가마솥에 떡국을 끓여주는 진풍경도 펼쳐집니다.

해마다 이 광경을 보면서 머릿속에는 다른 장면이 떠오릅니다. 정확히는 기억나지 않지만 대학교 때인 것 같습니다. 한 친구가 강원도 동해안 어디쯤에서 군복무를 했다 합니다. 깜깜한 밤에 철조망 앞에 서 있어본 적이 있느냐고 묻더군요. 그것도 바닷가 바로 옆에서 말입니다.

밤새 파도 소리가 들려오는데 '과연 이 밤이 끝이 날까? 날이 밝기는 할까?' 하는 불안감만 들었답니다. 그러다 바다 끝 저 먼 곳이 희뿌옇게 변하더니 꿈처럼 날이 밝아졌다 했지요. 빨갛고 동그란, 아니 샛노랗고 동그란 해가 떠오르기 시작했습니다. 그런데 무슨 마음이었을까요? 순간 노랗고 동그란 해가 달걀 노른자처럼 보였다는 것입니다. 그래서 크게 심호흡을 하고는 입을 벌려 일출하는 태양을 '꾸~울꺽' 삼켰다고 했습니다.

이야기를 듣고 있던 친구들은 잠깐 멍해졌고, 옆 사람의 얼굴을 서로 바라본 후 다시 그 친구를 보았습니다. 그리고는 동시에 물었죠.

"그래서?"

목구멍으로 넘어간 태양이 식도를 지나 가슴팍을 거쳐 단전으로 이동하는 것이 느껴졌고 배꼽 근처가 따뜻해지더니, 밤새 추위에 떨었던 온몸이 순식간

감성창고에 이것저것을 차곡차곡 쌓아두면

언젠가 아이들은 그것을 유용하게 꺼내 쓸 것입니다.

에 후끈해지고 힘도 나더라는 것입니다. 일제히 "에이~~" 하며 말도 안 된다는 표정으로 친구를 쳐다보았습니다. 그런데 친구는 정말 진지한 표정이더군요. 이후로도 기회가 닿으면 태양을 삼켰고, 그 기(氣) 때문인지 나머지 군생활이 하나도 힘들지 않았음은 물론이고, 지금까지 아주 잘 지내고 있답니다. 물론 일출 볼 기회가 있을 때마다 그렇게 기를 보충했고요.

이후 해 뜨는 것만 보면 그 친구의 이야기가 떠오릅니다. 아마 죽을 때까지 생각날 것 같습니다. 심지어 TV 화면에서 일출 장면이 보여도 침을 꿀꺽 삼킵니다. 조건반사처럼 말입니다. '각인'이라고 할 수도 있겠지요. 일출은 그렇게 제게 특별한 기억이 되었고 아이들과의 고성 일출여행도 그래서 인상 깊었습니다.

강원도 고성에는 고성팔경(高城八景)이 있는데 이 중 4경에 해당하는 청간정(淸澗亭, 강원도 유형문화재 제32호)과 2경에 해당하는 천학정(天鶴亭)이 차로 5분 거리이며 모두 일출명소입니다. 청간정은 기암절벽 위에 팔작지붕으로 아담하게 세워져 있는데, 조선 현종 때 우암 송시열이 들러 쓴 현판과 이승만 초대대통령이 쓴 안쪽 현판이 볼만합니다. 반면에 천학정은 잘 알려지지 않은 일출명소인데, 겹처마 팔각지붕에 벽이 없는 정자입니다. 두 곳 중 어디에서 일출을 맞을까 고민하다가 천학정으로 정했습니다. 송림이 아늑하여 아이들이 추위를 피할 수 있을 것 같았거든요.

다음날 새벽 아이들을 깨워서 나왔습니다. 어둑새벽, 하늘은 뿌옇고 날은 추웠지만 아이들은 졸린 기색 없이 이리 뛰고 저리 뛰며 좋아했습니다. 색다른 체험이니까요. 하늘이 붉어지더니 해가 떠올랐습니다. 기대했던 만큼의 근사한 일출은 아니었지만 나름 장대하고 뭉클했죠.

바다에서 불쑥 솟아오르는 해는 한해의 맑고 강한 정기를 담뿍 담고 있으니

계란 노른자라 생각하며 저도 꿀꺽 삼켜 보았습니다. 뱃속부터 따뜻해지며 눈에 보이지는 않지만 일 년 내내 힘이 될 좋은 기가 온몸에 가득 찬 것 같았습니다. 분명 좋은 최면효과입니다.

일출 구경 후 아침식사는 아야진항에서 했는데 부두 옆 허름한 식당의 시원한 도루묵찌개가 새벽바람에 언 몸을 뜨끈하게 데워주었습니다. 말은 하지 않았지만 아이들에게는 그 시각 깨어 있는 것 자체가 놀라운 경험이자 추억이었고, 추위에 떨면서 일출을 본 것도 잊을 수 없는 기억이었을 겁니다.

그렇게 감성창고에 이것저것을 차곡차곡 쌓아두면 언젠가 아이들은 그것을 유용하게 꺼내 쓸 것입니다. 디자이너가 되건 영상기획자가 되건 영화감독, 싱어송라이터, 작가, 발레리나……, 그 무엇이 되건 새로운 아이디어가 필요하거나 감성 코드가 발현되어야 할 순간 여행의 추억이 한몫할 것입니다.

아이의 감성창고를 채워줄 추천 여행

1. 제주 신천목장의 감귤 말리는 광경
2. 상주 곶감 마을의 곶감 말리는 광경
3. 고창 청보리밭에 바람 부는 광경
4. 고성 청간정의 해 뜨는 광경
5. 섬진강 매화마을에 만개한 매화 풍경
6. 강화도 분오리 돈대에서 바라보는 물 빠진 갯벌
7. 천수만 철새도래지의 철새떼 군무

15

TRAVEL

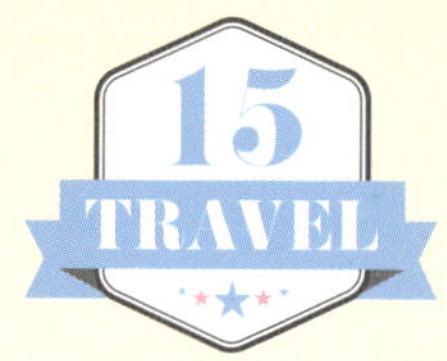

아이의 인성을 키우는 여행지가 궁금해요!

인성여행

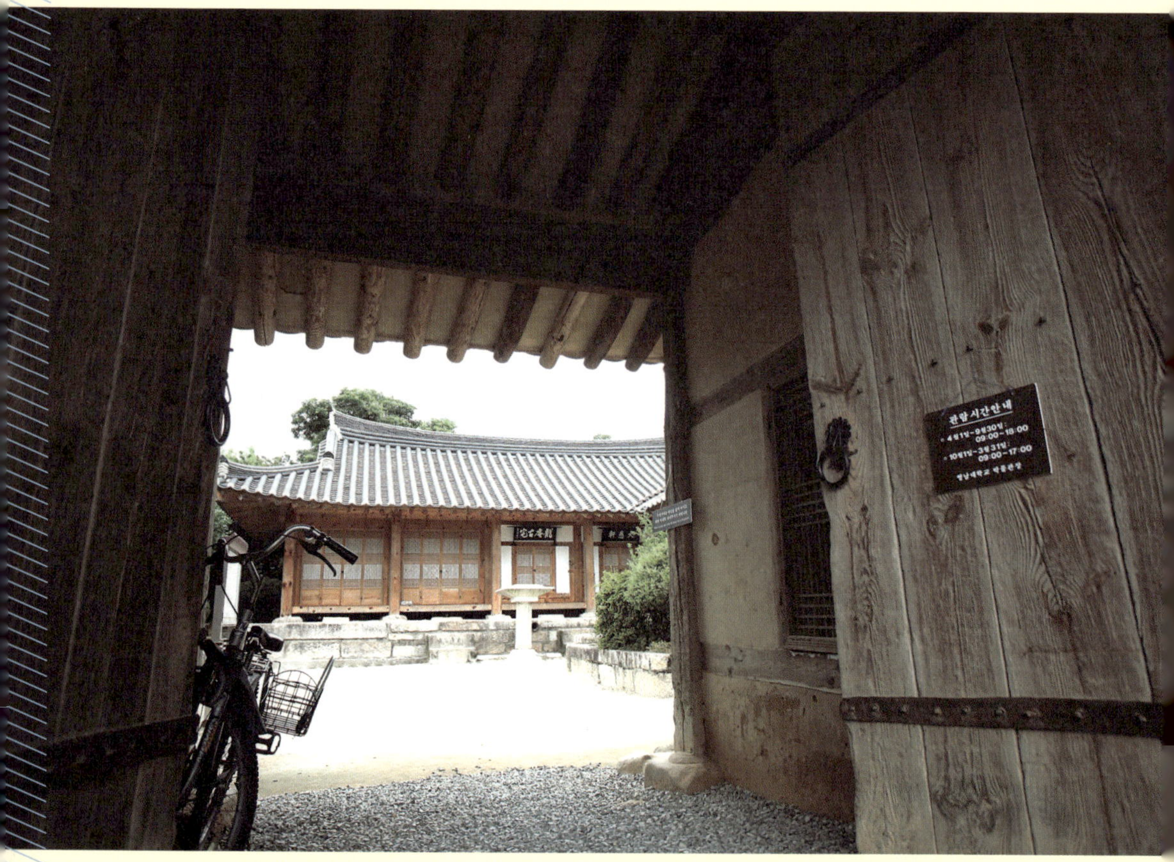

여행을 통해 문화와 역사를 만납니다. 경주라는 곳 역시 마찬가지, 통일신라시대를 만날 수 있는 훌륭한 곳이라 경주는 보통 역사여행지라는 공식이 있는 듯합니다. 하지만 경주를 역사가 아닌 다른 각도로 만나는 여행을 소개할까 해요. 인성교육에 도움이 되는 '경주 최부잣집'입니다.

옛말에 부불삼대(富不三代)라 하여 웬만한 부자라도 3대를 넘기가 힘들다고 했지만 경주 최부잣집은 300년, 그러니까 12대에 걸쳐 부잣집으로 정평이 나 있지요. "12대를 내리 부잣집이라, 그럼 인성교육이 아니라 경제교육에 도움이 되는 것 아니야?" 하는 분들도 있을 겁니다. 글쎄요. 일단 이야기를 들어보겠습니다.

경주 최부잣집의 시초는 신라의 학자 최치원의 17대손인 최진립으로 거슬러 올라갑니다. 이후 대를 이으며 부잣집으로 지냈는데, 이 집에는 대대로 전해져 오는 육훈(六訓)과 육연(六然)이라는 것이 있습니다.

〈최부잣집에 전해오는 육연〉

자처초연(自處超然), 자신에게 붙잡히지 않고 스스로 초연하게 지내고

대인애연(對人靄然), 대인관계는 아지랑이처럼 원만히 하고

무사징연(無事澄然), 일이 없을 때는 맑게 지내고

유사감연(有事敢然), 일이 있을 때는 과감한 결단력으로 대처하고

득의담연(得意淡然), 뜻이 성취되었을 때는 담담히 행동하고

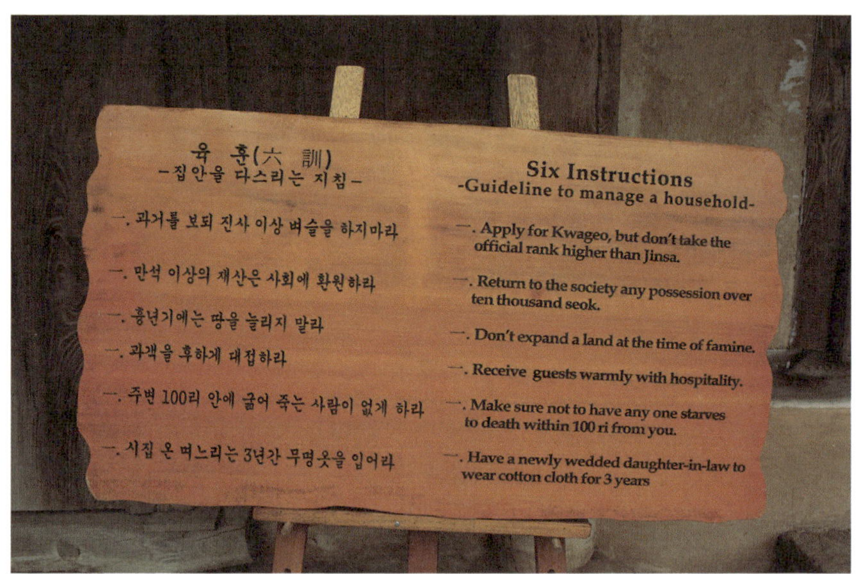

실의태연(失意泰然), 뜻을 이루지 못해도 태연하라

〈최부잣집에 전해오는 육훈〉

첫째, 과거를 보되 진사 이상은 하지 마라

둘째, 만석 이상의 재산은 사회에 환원하라

셋째, 과객을 후하게 대접하라

넷째, 흉년기에는 남의 논밭을 매입하지 마라

다섯째, 최씨 가문 며느리는 시집온 후 3년 동안 무명옷을 입어라

여섯째, 사방 백 리 안에 굶어죽는 사람이 없게 하라

이것이 도대체 무슨 뜻일까요? 육연은 자신을 다스리는 데 필요한 가르침 같은데, 육훈의 의미는 이해가 잘 안 갑니다. 그럼 그 숨은 뜻을 살펴보겠습니다.

첫째 '과거를 보되, 진사 이상은 하지 마라'는 권력에 욕심을 내지 말라는 의미입니다. 둘째 '재산은 만 석 이상 지니지 마라'는 욕심을 부리지 말고 사회에 환원하라는 뜻이고요. 셋째 '과객을 후하게 대접하라'는 다른 이들에게 인정을 베풀라는 의미고, 넷째 '흉년기에는 땅을 사지 마라'는 가진 자로서 없는 자를 착취하지 말라는 의미입니다. 흉년이 들면 쌀 한 되에도 한 마지기를 넘긴다고 할 정도로 궁핍하니 손쉽게 땅을 늘릴 수 있지만 그렇게 해서 다른 사람의 것을 취하지 말라는 뜻이지요.

다섯째 '최씨 집에 시집온 며느리들은 3년 동안 무명옷을 입어라'는 검소하고 절약해야 하며 다른 사람의 입장을 느껴보라는 것입니다. 마지막 여섯 번째 '사방 백 리 안에 굶어죽는 사람이 없게 하라'는 주변에 헐벗은 이가 없나 돌아보고 상부상조하라는 뜻입니다. 결국 혼자 잘 먹고 잘 사는 것, 그건 옳지 않다는 뜻이네요.

최부잣집은 99칸 거대한 집에 하인이 100명이나 되는 거부였습니다. 이 집 곳간은 쌀을 800석이나 보관할 수 있을 정도로 컸는데, 그런 곳간이 여럿 있었습니다. 오가는 사람들, 심지어 얼굴도 모르는 사람들에게도 육훈처럼 후한 대접을 했는데, 머물던 과객이 집을 떠날 때 여비를 주듯 마음대로 퍼갈 수 있도록 하는 쌀뒤주는 언제나 차고 넘쳤다 합니다.

혹 과객이 너무 많아 집에서 대접할 수 없으면 쌀과 과메기를 건네주며 근처 노비의 초가집으로 보냈고, 소작농 집에서 과객을 접대하면 소작료를 아예 면제해주기도 했습니다. 최부잣집이 소작농에게 받는 소작료는 50퍼센트, 일반적으로 70~80퍼센트 정도의 소작료를 받고 있었으니 모두들 최부잣집 논을 부치려 했고 또 부치면 정성을 다했습니다.

당시 최부잣집의 연 수입은 3천 석 내외로 1천 석은 살림에 쓰고 1천 석은 손님접대에, 나머지 1천 석은 빈민구제에 사용했다 합니다. 해서 최씨 집안은 12대, 근 400년이 되는 세월 동안 부잣집으로 인근 사람들의 명망을 얻었습니다. 최부잣집의 비밀은 '돈'이 아니라 바로 '사람'에 있었습니다.

지금은 그저 한옥 건물만이 남아 있을 뿐인데요. 최부잣집의 막대한 부는 모두 어디로 갔을까요? 일제에 나라를 빼앗긴 뒤 28대손인 최준이 상해임시정부에 독립군 자금을 보내며 재산이 줄기 시작했습니다. 그러다가 해방 뒤엔 국가를 이끌고 갈 인재양성의 중요성을 느끼고 전 재산을 털어 대구대학과 계림대학을 세웠으니, 이 두 대학이 합쳐져 오늘의 영남대학이 되었죠. 12대를 거쳐 내려오던 경주 최부잣집의 재산은 모두 교육사업으로 승화되어 오늘에 이르렀는데 진정한 '노블리스 오블리제'를 보여줍니다.

대기업과 재벌에 대한 인식이 그리 좋지 않은 요즘입니다. 형제의 난이 벌어지고, 직원들을 착취하고, 세금을 제대로 내지 않으며, 정치와 결탁해 권력을 휘두르고, 언론까지 장악해 입단속을 하고 있습니다. 모든 기업이 그런 것은 아니지만 대기업에게 눌려 중소기업과 소시민의 생계가 위협을 받기도 하는 이때 최부잣집이 생각납니다. 함께 어우러져 서로 돕고 위하는 상생의 미덕이 필요하고, 최부잣집 같은 사회적·정신적 리더가 필요한 시점입니다.

우리 아이들이 다음 세대에 글로벌 기업의 리더가 될 것입니다. 크지 않더라도 자신만의 기업체를 운영할 수도 있고요. 아이가 경주여행을 통해 최부잣집이 12대를 부자로 지낸 이야기와 이유, 마음가짐을 가진다면 오래도록 기업을 아름답게 유지할 것이며 세상 또한 훨씬 아름다울 것입니다.

아이의 인성을 기르는 데 도움을 주는 책

하나. 《틀려도 괜찮아》, 마키타 신지(아동문학가) 지음 / 하세가와 토모코 그림 / 토토북 `추천 6~8세`
초등학교에 막 입학한 아이들이 틀릴까 봐 겁나서 용기를 내지 못하는 아이에게 자신감을 주고 친구들을 칭찬하는 책이다.

둘. 〈100원의 여행〉, 양미진(동화작가) 지음 / 자람 `추천 8~10세`
100원짜리가 여러 어린이 손을 거치면서 돌고 도는 이야기로 경제관념과 돈을 다루는 자세, 돈을 소중히 여기는 마음을 갖게 된다.

셋. 〈돼지책〉, 앤서니 브라운 지음 / 웅진주니어 `추천 6~8세`
엄마의 고마움을 배우는 어린이 그림책. 집안일을 하는 엄마를 도와주지 않아서 벌어지는 이야기가 가슴 찡하다.

넷. 〈화수목금토일 친구를 구합니다〉, 에블린 드 플리허 지음 / 웬디 판더스 그림 / 책속물고기 `추천 7~9세`
자신의 말에 귀를 기울이지 않는 부모님 때문에 고민하는 펠릭스 이야기. 결정하기 어려우면 낙서를 하면서 진짜 할 일을 적어보라는 내용이 흥미롭다.

다섯. 〈토끼 앞니〉, 이주미 지음 / 최혜영 그림 / 웅진주니어 `추천 7~10세`
앞니가 토끼처럼 긴 경호는 엄마를 원망한다. 어느 날 외할머니가 오시면서 경호의 생각에 변화가 온다. 외할머니는 세상 모든 존재에는 이유와 가치가 있다는 것을 알려준다.

“재물(財物)은 분뇨(糞尿, 똥거름)와 같아서
한곳에 모아 두면 악취(惡臭)가 나 견딜 수 없지만
골고루 사방(四方)에 흩뿌리면 거름이 되는 법이다.“
– 경주 최부잣집 –

16
TRAVEL

아이의 미래 직업에 도움이 되는 여행을 하고 싶어요!

진로여행

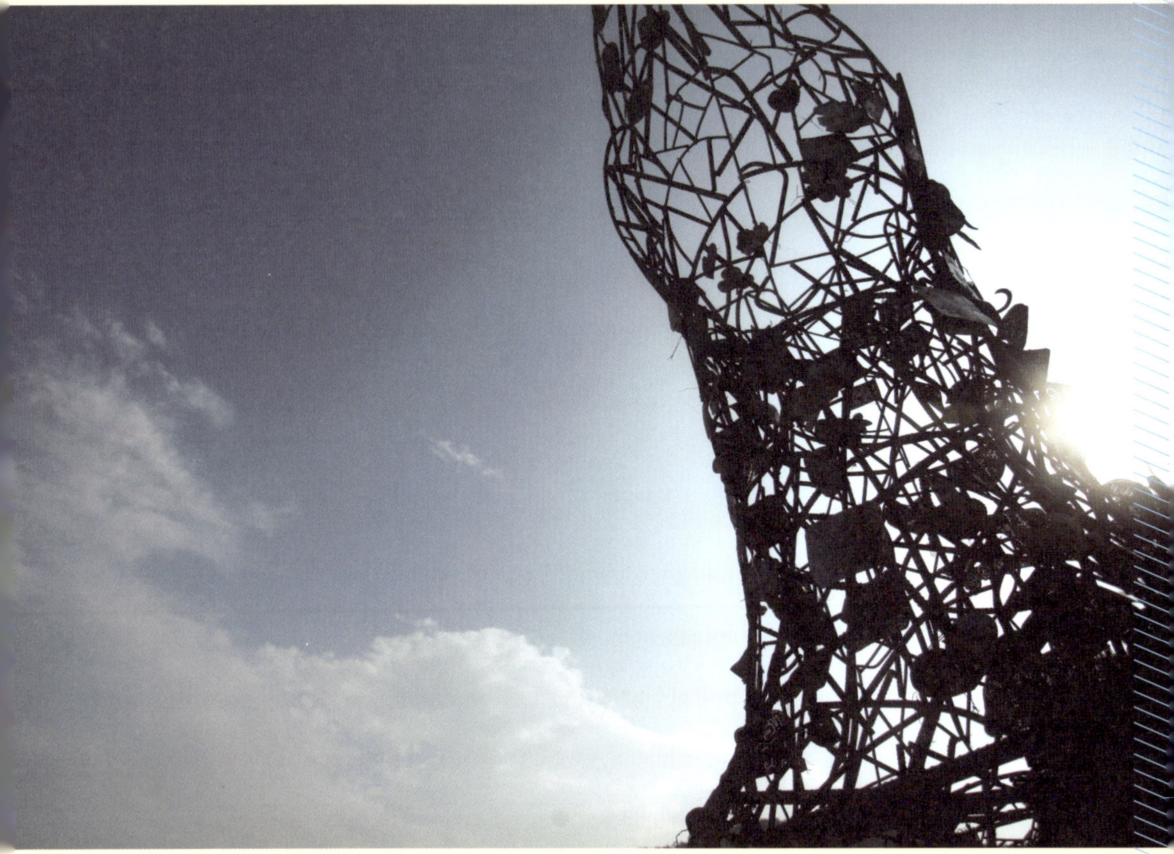

아이들과 여행을 하는 가장 큰 이유 중 하나는 아이의 미래와 관련이 있기 때문입니다. 어릴 때 보고 들은 무언가가 머리에 남아, 어딘가에서 본 어떤 사람에 매료되어, 멋진 장면에 이끌려, 그것이 인생의 목표가 되는 경우가 종종 있습니다. 해서 다양한 여행의 형태와 종류 중에서도 직업여행이나 진로여행을 꼭 넣고 싶었습니다. 요즘은 아이들이 '진로'라는 단어를 많이 접하고, 학교에도 진로를 위한 특기적성 프로그램이나 현장학습이 많은 것으로 알고 있습니다. '롯데월드 키자니아(www.kidzania.co.kr)'나 '잡월드(www.koreajobworld.or.kr)'도 같은 맥락이지요.

여행에서도 분명 직업과 연관된 부분을 끄집어낼 수 있습니다. 그런 면에서 산청의 '동의보감촌'은 한의학과 관련이 있습니다. 《동의보감》에 대한 이야기는 아이들도 잘 알고 있을 것입니다. '허준', '동의보감'은 귀가 닳도록 들었던 이야기일 테니까요. 지난 2009년 여름, 제9차 세계기록유산 국제자문위원회에서 《동의보감》이 세계기록유산으로 등재되었습니다. 우리의 한의학이 세계적으로 인정받은 것이죠. 허니 한의사 혹은 한의학 관련 꿈을 지니고 있다면 한의학의 메카인 산청의 동의보감촌은 꼭 방문해볼 만합니다.

그런데 왜 산청일까요? 지금이야 고속도로로 산청에 가는 것이 어려운 일이 아니지만, 예전에는 지리산 골짜기에 자리한 동네라 접근이 어려웠고 잘 알려지지 않았으니 "산청이 어디야" 하며 생소해 하는 사람들이 많았습니다. 그런데 이런 지리적 조건이 산청을 한의학의 중심지로 만드는 데 도움이 되었답니다.

산청이 자리한 곳은 골 깊은 지리산 자락, 그곳에는 약초가 많습니다. 산과 물, 사람이 맑아 '산청'이라 불리는 이곳에서 나는 약초는 대부분 토종 약초로, 일교차가 크고 일조량이 적은 지리산 청정자연의 품에서 키워냈기에 효능이 좋기로 유명합니다. 모두 일등급 한방재료랍니다. 이렇게 단점이 장점으로 승화한 산청 이야기를 아이들과 여행가는 차 안에서 나누어보면 좋겠습니다. 약점이 있어도 어느 순간 강점으로 작용할 수 있음을요.

산청이 한의학의 메카로 자리 잡은 것이 단지 효험 좋은 약초가 많아서일까요? 《동의보감》을 집필한 허준과 그의 스승이자 한의학의 신이라 하는 신의 류의태 선생이 의술을 펼친 곳 또한 바로 이곳 산청입니다. 류의태 선생이 한약조제에 사용했다는 약수터가 있고, 허준 선생이 스승 류의태의 장기를 열어 보았다는 해부 동굴이 있습니다. 또 동의보감박물관과 약초테마공원, 기 체험장, 허준 순례길 등의 한의학 관련 시설물 단지를 동의보감촌이라고 합니다.

어디부터 가야 할까요? 동의보감박물관을 바라보고 왼쪽에 곰과 호랑이 머리 모양의 조형물이 커다랗게 보입니다. 곰과 호랑이는 단군신화에 나오는 동물로, 환웅은 인간이 되고 싶어 하는 곰과 호랑이에게 쑥 한 심지와 마늘 스무 개를 주었습니다. 햇빛이 들지 않는 동굴 속에서 쑥과 마늘을 먹으며 인내한 곰은 웅녀(熊女)가 되었으나 성질이 급한 호랑이는 참지 못하고 굴을 뛰쳐나갔지요. 혹 호랑이 또한 참고 견디었다면 호남(虎男)이 되었을까요.

한의학의 관점에서 보면 쑥과 마늘은 '짐승'도 '사람'으로 만들 수 있는 신비의 약초임을 의미합니다. 특히 쑥은 여자에게, 마늘은 남자에게 좋다 하니 우리나라 땅에 나는 식물 하나하나가 어딘가에 중히 쓰일 약재가 됨을 알게 합니다. 먹는 것을 통해 만병을 치유한다는 식치(食治), 즉 한의학의 근본을 배울 수 있습니다.

여행에서도 분명 직업과 연관된 부분을 끄집어낼 수 있습니다.
그런 면에서 산청의 '동의보감촌'은 한의학과 관련이 있습니다.

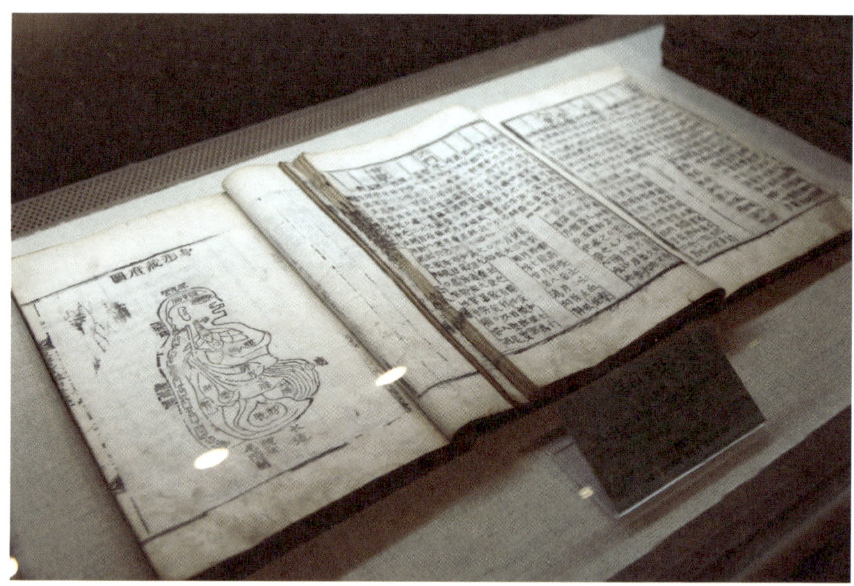

다음으로 동의보감박물관에 가보세요.《동의보감》은 선조 임금의 명을 받은 허준이 14년간 집필한 의학서적으로 동양의학사의 최고봉으로 평가받는 일종의 의학백과사전입니다.

여기서 재미있는 사실, 유네스코에 등재된 세계기록유산 중 의학서적은《동의보감》이 유일하다는군요. 의료 선진국이라 할 수 있는 미국이나 독일, 영국, 프랑스에서도 의학서적이 많이 발간되었지만, 우리《동의보감》이 최초이며 유일하다는 사실이죠. 왠지 뿌듯하지 않나요?

허준은《동의보감》을 통해 우리 의학의 체계를 세웠으며 전통 약재 640여 개의 이름을 일반 백성들도 알기 쉽게 한글로 표기했습니다. 탁월한 의학적 내용과 세계 최초로 발간된 공중 보건안내서라는 가치를 높이 평가받는 부분입니다. 동의보감관에는《동의보감》의 탄생 전과 후를 기준으로 한의학 발전의 역사를 볼 수 있고, 생활 속에서 한의학이 어떻게 적용되는지를 잘 설명합니다.

이번에는 한방테마공원, 음식물이 들어가 배변이 이루어지기까지의 인체구조를 따라가는 코스죠. 여러 가지 음식물이 입으로 들어가 잘게 쪼개지고 소화하는 구강기관으로 동의보감박물관이 배치되어 있으며, 연못 앞을 지나는 좁은 길은 식도가 됩니다. 오행광장과 12지신광장을 지나면 심장이고, 허파꽈리 조형물이 있는 곳은 폐가 됩니다. 간 조형물, 콩팥 조형 벤치, 꾸불꾸불 소장 조형물, 방광 연못 등 동양의학을 배우면 기본적으로 알아야 할 인체구조를 걸으면서 살펴볼 수 있으니 아이들에게 재미나는 놀이이자 학습구조물이 됩니다.

마지막으로 동의보감촌의 가장 위쪽에 있는 귀감석(龜鑑石)에 들러볼 것을 권합니다. 백두대간이 끝을 맺는 산청, 그중에서도 기가 특별히 센 이곳 동의보감촌에서 자연의 에너지가 응집된 곳이 바로 귀감석입니다. 거북이처럼 생긴 127톤의 범상치 않은 바위에 몸을 바짝 대고 있으면 좋은 기를 받을 수 있으며, 효험을 본 사람이 많다 합니다.

아이와 함께 좋은 기를 듬뿍 받으며, 자신의 미래를 읊조리고, 자기암시를 해 보면 좋겠습니다. 좋은 기를 받았고 소원을 빌었기 때문에 그렇게 될 수 있다는 믿음이 생깁니다.

MOM's Travel Tip

아이의 진로탐색을 하기 좋은 여행지

하나. 고래연구자/해양생물학자
아이의 꿈이 고래연구학자나 해양생물학자라면 울산 장생포 고래박물관에 가보자. 고래탐사선과 반구대암각화도 볼 수 있다.

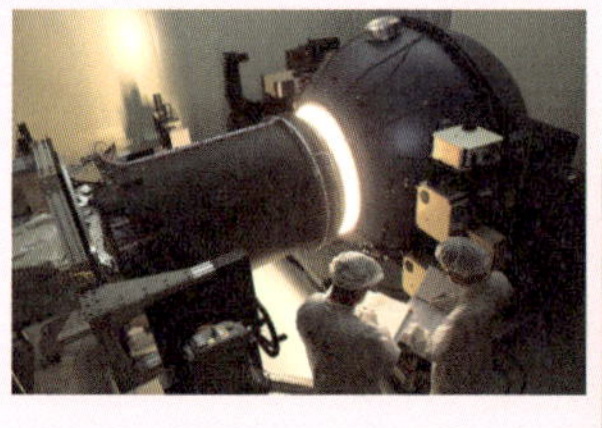

둘. 항공우주전문가
아이의 꿈이 항공우주전문가라면 대전 한국항공우주연구원에 들르면 좋다.

셋. 공룡학자
아이가 공룡에 관심이 많고 꿈이 공룡학자라면 해남 우항리 공룡박물관이나 고성 공룡박물관에 들러보자.

넷. 건축가
아이의 꿈이 건축가라면 제주와 서울에 특별한 건축물이 많다. 아이와 건축물 기행을 떠나보자.

다섯. 과학자
아이의 꿈이 과학자라면 서울 LG사이언스홀과 대전 장영실과학관에 가보면 좋다.

인생계획을 세울 수 있는
여행은 없나요?

#설계여행

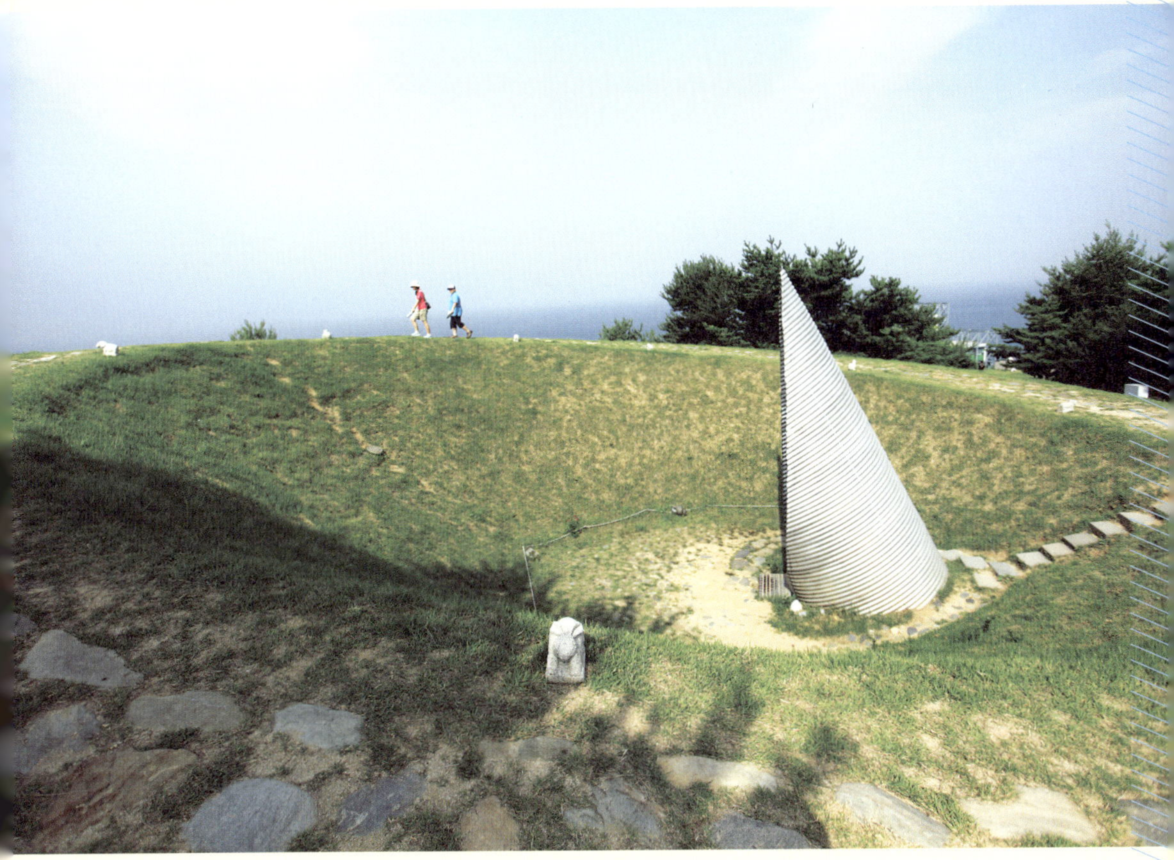

아이들과의 여행계획을 세울 때 언제 어느 곳을 가면 좋으냐는 질문을 많이 받습니다. 사실 각자 취향과 상황이 다르니, 콕 짚어 이야기하기는 어렵습니다. 가는 때와 구성원, 마음 상태에 따라 여행지의 느낌과 이미지는 많이 달라지기 때문입니다. 그래도 시기적으로 이때 갔으면 좋겠다는 곳이 있습니다. 새해를 맞거나 심경의 변화가 있을 때 추천하고 싶은 곳으로, 파주의 자운서원입니다.

율곡 이이를 위한 서원이 있는 곳이라 율곡 선생을 모신 위패와 영정이 문성사에 있습니다. 안쪽에는 율곡 선생과 부인 곡산 노씨 묘를 비롯해 부모인 이원수와 신사임당의 합장묘 등 가족묘 14기가 있습니다. 대부분 '율곡' 하면 강릉 오죽헌을 떠올리지만, 율곡 선생과 신사임당이 이곳에 모셔져 있으니 강릉에 비할 바가 아닙니다. '진짜 율곡'을 만나는 곳입니다.

율곡 선생의 묘로 올라가기 전에 율곡과 신사임당의 작품을 만날 수 있는 기념관이 있습니다. 율곡의 모습이 인형으로 되어 있는데, 율곡이 장원급제를 해서 집으로 돌아와 기뻐하는 가족들의 모습이 보입니다. 왼쪽에 함박웃음을 짓고 있는 여인이 신사임당이겠지요.

율곡 선생의 묘로 올라가는 길은 제법 가파른 데다 양옆으로 소나무 숲이 있고, 가운데 능선을 따라 묘가 있습니다. 문성사에서 기념관을 지나 이곳까지는 제법 많은 얘기를 하며 걸을 수 있는 길입니다. 율곡과 신사임당 이야기를 하며 아이들과 걷기에 딱 좋지요.

신사임당은 율곡의 나이 16세에 세상을 떠났습니다. 감수성이 예민한 시기이죠. 16세에 정신적 지주이자 학문적인 스승이며 자애로운 어머니인 신사임당을 잃고 율곡은 세상이 무너져 내리는 것 같은 슬픔에 빠집니다. 3년 상(喪)을 마치고 금강산으로 가서 1년을 더 머뭅니다. 오죽헌으로 돌아온 율곡은 외할머니의 보살핌을 받으면서 서서히 마음의 안정을 되찾습니다.

그리고 어느 날 문득 이런 생각을 합니다.

"이렇게 슬픔에만 빠져 있으면 어머니가 걱정하실 거야."

율곡은 자신을 다잡기 위해 〈자경문(自警文)〉을 짓습니다. 스스로를 위한 인생의 지침서 같은 것이지요. 한문으로 되어 있고 내용이 좀 많아 축약본을 찾아보았습니다.

하나, 뜻을 크게 갖자

둘, 말을 적게 하자

셋, 마음을 안정시키자

넷, 혼자 있을 때를 삼가고 게으름을 이기자

다섯, 책을 읽자

여섯, 욕심을 버리자

일곱, 일을 할 때는 성심을 다하자

여덟, 정의로운 마음을 갖자

아홉, 반성하는 마음을 갖자

열, 밤이 아니면 눕지 말자

열하나, 죽을 때까지 공부를 하자

이중 다섯 번째 '책을 읽자'의 경우 '그저 책만 읽어대자는 것이 아니라 자신이 할 일을 다 해놓고 책을 읽자'입니다. 열 번째, '밤이 아니면 눕지 말자'도 참으로 눈길이 가는 대목입니다.

〈자경문〉이란 것이 스스로 경계해야 하는 것을 적는 것인 만큼, 각자 자기에게 해당하는 내용을 정하는 것이지요. 남들이 보거나 듣기에 근사한 것, 거창한 것이 아니라 자신의 생활습관 중 고쳐야 할 것이나 괜찮은 부분들을 확인하고 되짚는 데 의미가 있습니다. 아주 사소한 것이라도 좋습니다.

율곡 앞에서 아이들에게 〈자경문〉 이야기를 들려주며 "우리도 나만의 자경문을 만들어볼까?" 하고 약속을 하면 어떨까요? 돌아오는 차 안에서 주거니 받거니 이야기를 해도 좋습니다. 아이들 스스로 자신만의 규칙도 세우고, 인생설계를 해보는 데 도움이 되는 근사한 여행지가 바로 자운서원입니다.

18
TRAVEL

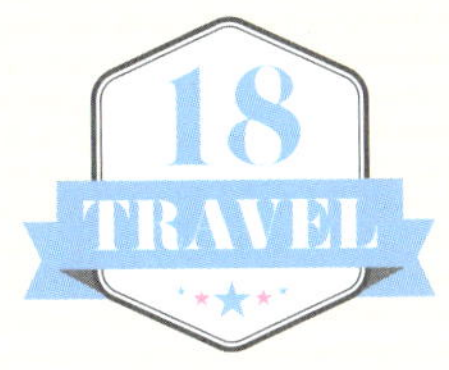

여행으로 세상을 보는 눈을 바꿀 수 있을까요?

업사이클링 여행

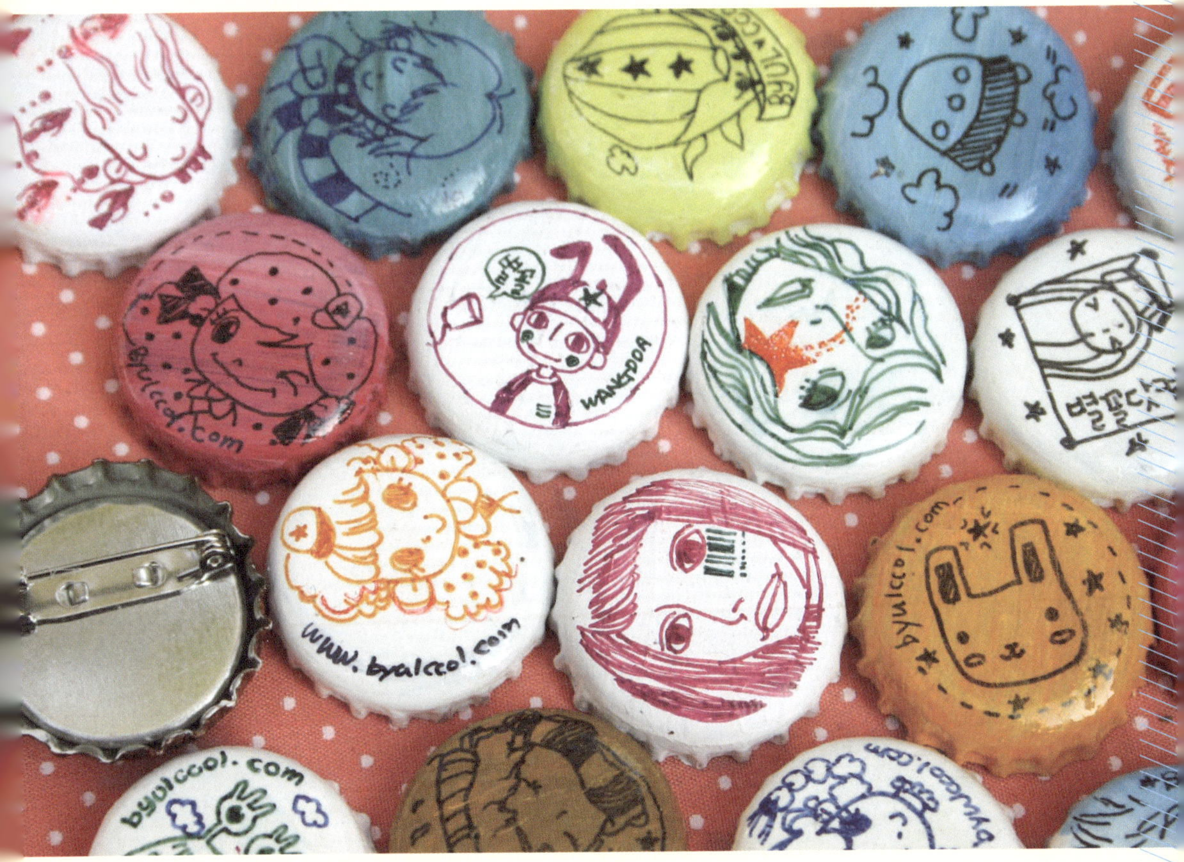

여행은 한 사람의 가치관과 생각을 바꿀 수 있습니다. 여행하며 스치듯 본 것 하나가 세상과 인생을 바꿀 수도 있습니다. 무엇을 보고 어떻게 생각하느냐에 따라 말입니다. 아이들과 함께하며 그런 기회를 마주할 여행으로 업사이클링 여행을 소개할까 합니다.

'업사이클링'이란 리사이클의 업그레이드 개념으로 재활용에 새로운 가치를 부여하는 것을 말합니다. 'upcycling=upgrade+recycling'이지요. 다시 말해 폐기물을 재활용하여 새로운 가치를 부여하고 상품이 되게 하는 것, 업사이클링의 개념과 상품을 접하고 자기 것으로 받아들이게 하는 것, 그것이 업사이클링입니다.

업사이클링의 사례를 한 번 살펴보겠습니다. '프라이탁'은 독일어로 금요일을 말하며, 독일 베를린의 주간신문 이름이자, 스위스의 가방 제조회사 이름이기도 합니다. 제가 말하고자 하는 것은 마지막 프라이탁(www.freitag.ch)입니다. 프라이탁은 '스위스의 국민가방'이라 불릴 정도로 인기가 많습니다. 그 이유는 가방의 재료에 있습니다.

재료는 고속도로를 달리는 화물용 트럭의 '방수포'입니다. 물류 교류가 많은 유럽에서 화물용 트럭의 방수포는 사용량이 많기에 폐기량 또한 많습니다. 이에 착안해 1993년 마커스 프라이탁(Markus Freitag)과 다니엘 프라이탁(Daniel Freitag)이 방수포로 가방을 만들었지요. 자전거를 타면서 편하게 착용할 수 있는 내구성이 강한 가방인데, 비가 많이 오는 유럽에서 혁신적인 제품으로 급부

상했습니다. 이른바 업사이클링의 탄생입니다.

업사이클링 제품인 프라이탁 가방에는 여러 가지 의미가 부여됩니다. '첫째, 업사이클링으로 환경보호에 참여한다.' 버려지는 방수포를 재활용함으로써 지구환경 보호에 일조한다는 것입니다. '둘째, 모든 제품이 한정판이다.' 디자인을 하고 이를 대량생산하는 것이 아니라 버려진 방수포의 모양에 따라 재단하여 재활용하기 때문에 같은 모양의 가방이 없습니다. 이 세상에 단 하나뿐인 나만의 가방, 세상에 하나뿐인 디자인 제품을 가진다는 희소성이 큰 몫을 합니다. '셋째, 착한 소비를 통해 사회에 기여한다.' 리사이클링은 착한 소비의 선두 주자입니다. 업사이클링 가방 구입 자체가 착한 소비이고 환경과 사회에 기여합니다. 이렇게 스위스의 프라이탁 형제가 만든 '프라이탁'은 세계적인 브랜드가 되었습니다.

'파이어마커스(Firemarkers, www.firemarkers.co.kr)'라는 브랜드도 있습니다. 소방 호스는 화재현장에서 물을 뿌리는 데 없어서는 안 될 소중한 장비인데요. 미세한 구멍 하나만 생겨도 폐기해야 합니다. 15미터에 달하는 소방 호스가 통째로 버려지는 것이죠. 소방관 아버지 덕분에 이런 현실을 잘 파악하고 있었던 한 젊은이가 소방 호스로 가방을 제작했습니다.

소방 호스는 재료가 저렴할 뿐 아니라 국민의 생명을 지키는 소방관들이 직접 사용한 것으로 소방의 흔적이 남아 있다는 점에 주목했고, 소방관의 숭고한 희생정신이라는 의미를 담았으며, 판매수익으로 소방관에게 소방장갑을 기부합니다. 사람들은 이러한 업사이클링 제품에 많은 지지를 보내고 있습니다. 지구 환경적인 측면과 재활용으로 자신이 '의미 있는 소비'를 한다는 것에 대한 만족감이 높지요.

이제 업사이클링에 여행을 접목해볼까요? 아이들을 데리고 홍대 놀이터로

새로운 영감과 기발한 발상……
여행길에는 세상을 여는 황금열쇠가 있습니다.

가보십시오. 봄부터 가을까지 토요일 오후 1시면 가방을 잔뜩 든 사람들이 삼
삼오오 모여듭니다. 작은 탁자에, 혹은 놀이터 바닥에 보자기만 한 천을 깔고
가방에서 이런 저런 물건들을 꺼내 늘어놓습니다. 놀이터는 순식간에 시장이
됩니다. 여기는 홍대 앞 프리마켓! 벼룩시장(Flea-market)이 아니고 프리마켓
(Free-market)입니다. 중고품이 아니라 손수 만든 창작 예술품들을 전시하고
판매하는 예술시장이죠. 아트마켓(art-market)이라고도 불리는 업사이클링의
현장입니다.

그중 눈을 번쩍 뜨게 한 제품이 있었으니 바로 병뚜껑 아트였습니다. 병뚜껑
에 흰색 혹은 녹색 칠을 하고 그 위에 예쁜 그림을 그린 후 핀을 달면 가방이나
옷에 다는 브로치가 됩니다. 일부러 장식한 듯 가장자리의 톱니모양은 자연스
레 예술성을 더합니다. 버려지는 병뚜껑을 이렇게 활용하니 예쁘고 독특한 데
다 환경문제까지 해결되니 절로 박수를 보내게 됩니다. 이것이 바로 업사이클
링입니다.

버려지는 폐기물에 가치를 부여해 새로이 태어나고, 또 존재감이 더욱 커지
게 하는 일을 젊은 학생과 시민작가들이 하고 있습니다. 그러한 아이디어가 넘
쳐나는 곳이 홍대 프리마켓이지요. 모두 한 땀 한 땀 손으로 만드는 100퍼센트
수제품으로 세상에 하나밖에 없는 희귀성 높은 작품으로 다시 태어났습니다.

옆에서는 공구함을 펼쳐놓고, 혹은 금속공예를 하듯 불꽃을 튀기며 무언가
를 만듭니다. 핸드폰의 부품, 혹은 컴퓨터의 버려지는 부속으로 만든 액세서리
는 무척 독특합니다. 컴퓨터 속에 저리 예쁜 부품들이 감추어져 있었다는 것에
깜짝 놀랄 정도입니다.

이렇듯 기발한 아이디어가 번쩍이는 프리마켓을 돌다 보면 새로운 영감과
발상이 느껴지고 평소 생각지 못했던 감각을 키울 수 있습니다. 폐자전거 부품

을 활용한 리브리스(www.rebrisworks.com), 업사이클링 연구소인 터치포굿(www.touch4good.com), 현수막구두 쏘리(www.ssorry.com) 등이 이러한 생각과 아이디어로 태어났습니다.

또 아나요? 우리의 아이들이 홍대 프리마켓을 둘러보면서 버려진 물건에 새 생명을 불어넣고, 그것으로 존재감을 드러내며, 세계적인 브랜드를 만들어낼 지요. 이렇게 여행길에는 세상을 여는 황금열쇠가 있습니다.

"앞을 보며 점과 점을 연결할 수는 없다.
뒤돌아볼 때만 가능하다.
그러니 당신은 미래에 언젠가 점들이 연결될 거라고 믿어야 한다.
무언가를 믿어야 한다. 당신의 직감, 운명, 삶, 카르마, 뭐든지.
이 접근법은 한 번도 나를 실망시킨 적이 없고,
내 삶의 모든 것을 이뤄내게 해주었다."
– 스티브 잡스 –

엄마표 아이여행

초판 1쇄 인쇄 2016년 4월 10일
초판 1쇄 발행 2016년 4월 15일

지은이 | 이동미
발행인 | 이원주

임프린트대표 | 김경섭
기획편집 | 한선화·김순란·강경양·한지은
디자인 | 정정은·김덕오
마케팅 | 노경석·조안나·이유진
제작 | 정웅래·김영훈

발행처 | 지식너머
출판등록 | 제2013-000128호
주소 | 서울특별시 서초구 사임당로 82 (우편번호 137-879)
문의전화 | 편집 (02) 3487-1650, 영업 (02) 2046-2800

ISBN 978-89-527-7600-6   13590